직각삼각형의 비밀

재밌는 이야기로 꽉 잡는 **도형의 원리**

직각삼각형의 비밀

김상미 지음
김진화 그림

다른

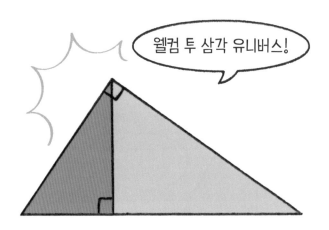

허걱! 책을 펴자마자 도형이 나와서 당황했나요? 도형에 알레르기가 있는 학생은 벌써 책을 덮었을지도 모르겠네요. 겁먹지 말고 그림을 한번 잘 들여다보세요. 직각삼각형 친구들이 보이나요? 그림 속 직각삼각형들의 끈끈한 우정이 담긴 이야기를 듣게 되면 도형이 어렵게만 느껴지진 않을 거예요. 그들도 우리처럼 이리저리 부딪치며 성장합니다. 자신이 어떤 존재인지 답을 찾아가는 주인공 직쌤의 모험담을 읽다 보면 재미는 물론, 중학교 도형 전체를 아우르는 감을 잡게 될 거예요.

　　왼쪽 그림은 중학교 1학년 때 배우는 **합동**, 2학년 때 배우는 **닮음**과 **피타고라스의 정리**, 3학년 때 배우는 **삼각비**를 연결하는 열쇠입니다. 기원전 2000여 년경 이집트 파라오는 나일강가의 땅을 백성에게 나눠 주고 그 땅에 세금을 부과했죠. 측량가들은 다양한 모양의 땅을 측정하기 위해서 수직, 이등분, 정사각형, 직사각형, 삼각형, 평행선과 같은 도형의 기본을 이해해야 했어요. 그러다가 자신이 머물 집터를 반듯한 사각형으로 만들고, 터를 보호하기 위한 벽을 수직으로 세우고, 농사에 필요한 물을 공급하기 위해 강둑을 평행하게 쌓았던 경험에서 방법을 찾아냈어요. 하지만 경계가 반듯하지 않은 땅이 더 많기에 직각으로 이루어지지 않은 모양의 땅을 측정하는 법도 고민해야 했습니다. 그렇게 여러 시행착오를 거치며 도형에 관한 지식을 쌓아 갔죠. 알음알음으로 전해지던 도형에 대한 지식은 고대 그리스의 수학자 유클리드 덕분에 체계적으로 정리되었습니다.

유클리드는 탈레스, 피타고라스를 비롯한 선배 수학자들이 발견한 이론으로부터 원리와 법칙을 찾고 새로운 사실을 끌어내기도 했어요. 그 과정을 고스란히 자신의 책《원론》에 담아냈지요. 유클리드의 책은 오늘날 중학교 기하의 기본을 이루고 있습니다. 그러나 매 학년 토막 난 내용으로 도형을 배우다 보니 3년 동안 배운 내용이 서로 어떻게 연결되는지 놓치는 경우가 많아요. 나무만 보고 숲을 보지 못하게 되죠. 실제 수업에서도 전체 개념에 대한 이해가 필요한 문제를 맞닥뜨릴 때마다 갈피를 잡지 못하고 좌절하는 학생이 많더군요. 그 고비를 넘는 데 작은 도움을 주고 싶었습니다. 이 책은 중학교 때 배운 도형들이 어떤 식으로 연결되는지 개념의 큰 그림을 그릴 수 있게 해줄 거예요.

이 책을 쓰는 데 다음과 같은 상상도 한몫했습니다. 수학자이자 소설가였던 유클리드도 자신이 공들여 쓴 책을 학생들이 읽기에는 어렵다는 데 분명한 아쉬움을 느꼈을 거란 상상이지요. 만약 유클리드에게 기회가 있었다면 이렇게 학생들을 위한 책을 남겼을 거라는 확신을 갖고 이야기의 첫 장을 시작해 봅니다.

차례

시작하며 웰컴 투 삼각 유니버스! 004

직쌤과 친구들 010

훗날… 013

1 직각삼각형, 내가 보는 세상이 전부는 아니야 014

2 삼각형의 결정 조건,
삼각형이 뭐냐고 물으신다면 020

3 합동과 닮음, 나와 꼭 맞는 친구를 찾아서 048

4   닮음계, 함께라서 행복해!   080

5   삼각비, 직각삼각형의 비밀   128

6   여행의 끝, 오! 나의 집   152

또 다른 뒷이야기   **160**

참고 자료   **162**

직쌤과 친구들

외롭지 않아!

직쌤

정삼각형 마을에 사는 하나뿐인 직각삼각형. 그리스 어로 '배움'을 뜻하는 마테마(mathema)라는 이름을 갖고 있다. 평소에는 직각삼각형을 줄인 '직쌤'이라 불린다. 낯을 가리고 겁이 많지만 궁금한 것이 있을 때는 누구보다 적극적이다.

작직쌤

진짜 이름은 그리스어로 '깨달음'을 뜻하는 마테인(mathein). 직쌤보다 딱 $\dfrac{1}{2}$ 배 작기 때문에 스스로 '작직쌤'이라는 별명 을 붙였다. 새로운 것이라면 무엇이든 시도하길 좋아하며, 자 신의 생각을 늘 거침없이 표현한다.

훗, 작지만 강하지!

탐험의 완성은 모자!

탈레스

수학을 사랑하는 탐험가. 뭐든지 한 번에 넘어가지 않고 분 석하기를 좋아하며 어려운 문제일수록 열정이 불타오른다. 오늘날 수학의 토대를 마련한 고대 그리스의 철학자이다.

자신의 생각을 말하는 데 거침없고 솔직한 흥신흥왕. 콩을 싫어하며, 자신의 이름을 딴 팬클럽이 있다. '만물은 수'라고 늘 말하고 다닌다.

유클리드

왕을 가르친 엘리트. 수업에 쓸 책을 찾고 있으며, 뭐든지 끈질기게 파고들어 정리하는 능력이 있다. 이야기를 좋아해 가끔 소설을 쓰기도 한다.

정삼각형 어르신

정삼각형 마을의 터줏대감. 방황하는 직쌈에게 자신을 찾는 여행을 떠나라고 조언한다. 아무도 모르는 비밀을 배 속에 품고 있다.

히파르코스

직쌈의 꿈에 나타난 신비로운 존재. 고대 그리스의 천문학자로, 지구와 달 사이의 거리를 계산하다가 삼각비를 생각해 냈다.

훗날…

직쌤의 이름인 마테마와
작직쌤의 이름인 마테인을 합친 '마테마테코이'는
모든 것을 연구하여 깨치는 사람들이란 뜻이다.
마테마는 훗날 영어로 수학을 뜻하는
매스매틱스(Mathematics)가 되었다.

1

직각삼각형,
내가 보는 세상이
전부는 아니야

정삼각형 무리에
낄 수 없다니…
흑흑, 외로워!

정삼각 타운

여보게, 젊은이.
왜 그리 울고 있나?

두둥!

다들 잘생겼는데
저만 돌연변이예요.
직각삼각형이라 뭘 입어도
안 어울려요!

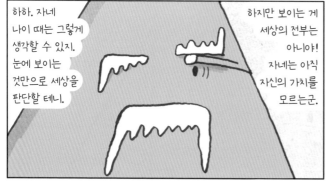

하하. 자네
나이 때는 그렇게
생각할 수 있지.
눈에 보이는
것만으로 세상을
판단할 테니.

하지만 보이는 게
세상의 전부는
아니야!
자네는 아직
자신의 가치를
모르는군.

!!!

2

삼각형의
결정 조건,
삼각형이 뭐냐고
물으신다면

측정을 마쳤으니
휴게실로 가볼까?

이곳은 뭐하는 곳이지?

 삼각형 측정 센터에 방문해 주셔서 감사합니다. 이곳을 처음

방문한 삼각형은 각 측정실로 가주세요.

 각 측정실? 각을 측정하는 곳인가? 뭐가 뭔지 모르겠지만

시키는 대로 일단 해보자. 로마에 가면 로마법을 따르라고

했잖아.

 먼저 각의 크기를 측정하겠습니다. 내 집이다 생각하고

측정대 위에 편히 누워 주세요.

 앞사람을 따라 누우면 되겠지?

 30°, 90°입니다. 대기실로 이동해 주세요.

 엇! 벌써 나온 거야? 눕자마자 결과가 나오네.

그런데 왜 2개만 말해 주지? 난 삼각형인데?

1개 더 말해 줘야 하는데 깜빡했나?

지나가던 삼각형이 직쌤의 혼잣말을 듣고 대답했다.

?　그야 삼각형의 세 각을 전부 합치면 180°니까 나머지 각은

　　저절로 알 수 있어서 그렇지. 계산하면 나머지 각은 60°네.

　　아! 그렇구나! 알려 주셔서 감사합니다.

직쌤은 너무 당연한 것을 몰랐던 자신이 부끄러워 자리를 피하기 위해

발걸음을 재촉했다. 대기실에 들어서자마자 직쌤의 눈동자가 커졌다.

대기실에는 제각기 다르게 생긴 삼각형들이 다음 검사를 기다리고 있었다.

　　이곳엔 내가 살던 마을에서는 못 보던 삼각형들이 있네.

　　잘 살펴보면 나 같은 직각삼각형도 있겠어. 세상은 넓고

　　삼각형은 다양하구나.

　　각의 크기를 모두 측정한 삼각형들은 변 측정실로

　　이동하겠습니다. 변 측정실에서는 세 변의 길이를

　　측정합니다.

　　오! 한 번도 재본 적 없는데… 내가 가진 세 변의 길이는 과연

　　몇일까?

직쌤은 두근거리는 마음을 안고 변 측정실로 이동했다.

측정대에 올라가 한 바퀴 또르르 굴러 주세요. 측정값은

소수점 넷째 자리까지 나옵니다.

측정대에 올라간 직쌤은 앞으로 한 바퀴 또르르 굴렀다. 그동안 운동을 안

한 탓인지 몸에서 우두둑거리는 소리가 났다. 직쌤이 몸을 주무르며 힘겹게

일어났다.

 으아아악. 이렇게 유연하지 않다니! 너무 어지러운걸.

이럴 줄 알았으면 운동 좀 하는 건데….

 8cm, 13.8564cm, 16cm입니다. 측정 결과지를 출력해서

가져가세요.

직쌤은 영수증처럼 나오는 결과지를 받아 들었다.

 어지러운 분들은 휴게실에서 안정을 취하고 가길 바랍니다.

 나 같은 삼각형이 많나 봐. 어서 휴게실로 가야지.

휴게실엔 측정을 마친 삼각형들이 쉬고 있었다. 직쌤도 잠시 휴식을 취했다.

이제 좀 괜찮아졌어. 숨 돌릴 겸 주변을 살펴볼까?

직쌈은 힐끗 옆자리를 살피다 뭔가 발견한 듯 화들짝 놀랐다.

 어! 90°다! 나처럼 90°를 가진 직각삼각형을 찾았어!

직쌈은 눈을 빛내며 자신과 같은 직각삼각형을 뚫어져라 쳐다봤다. 하지만

그 직각삼각형은 다른 곳을 보느라 직쌈의 눈길을 알아차리지 못했다.

직쌈은 용기를 내어 먼저 말을 걸었다.

 안녕!

 안녕.

 너도 측정을 다 마쳤구나!

 응.

 너랑 나랑 각의 크기가 똑같아!

 흠… 그런가?

 믿을지 모르겠지만 난 나와 같은 직각삼각형을 처음 봐. 난

정삼각형만 있는 마을에서 살았거든.

난 오히려 정삼각형을 많이 보지 못했는데. 나랑 반대네.

 내 소개를 MBTI로 하자면 난 INFP야. 친구 사귀는 것도

힘든 극강의 I지. 겁이 많지만 호기심도 많아.

 MBTI가 나랑 완전 반대네? 난 ESTJ거든. 외향적이라 친구

사귀거나 새로운 시도를 하는 데 두려움이 없어. 그렇다고

막무가내는 아니야. 내 입으로 말하는 게 자랑 같아서 좀

그렇지만, 논리적이라 해결책을 잘 제시하는 편이라는

소리를 많이 들어. 훗.

자신감 넘치는 자기소개에 직쌤이 웃음을 터트렸다.

 넌 이곳에 어떻게 왔어?

 폭풍을 타고 왔어. 마을을 떠나 진짜 나를 찾고 싶었거든.

 오호! 나를 찾는 여행이라… 여행에서 원하는 것을 얻게 되길

바랄게. 그런데 이름이 뭐야?

 내 이름은 마테마. 배움이라는 뜻이야.

할아버지가 지어 주셨어. 편하게 직쌤이라 불러 줘.

 직쌤?

직각삼각형이란 뜻에서 할아버지가 지어 준 애칭이야.

어때, 외우기 쉽지?

 하하. 맘에 들어! 마테마보다는 확 와닿잖아. 내 이름은

마테인이야. 깨달음이라는 뜻인데 그래서인지 세상의 진리를

깨닫기 위해 두루두루 관심이 많아. 내 애칭은 작직쌈이라고

하자. 내가 너보다 작으니까. 나도 작직쌈이라 불러 줘.

 그래, 작직쌈! 만나서 반가워.

 잠깐, 우리 이름을 합치면 마테마테코이가 되는 건가?

 마테마테코이라면 모든 것을 연구하여 깨닫는 존재란

뜻이잖아! 우리가 함께 다니면 뭔가 근사한 일이 생길 것 같은

예감이 드는데?

직쌈은 낯선 곳에서 마음이 잘 맞는 친구를 만났다는 생각에 무척 신이 났다.
작직쌈도 마찬가지인지 직쌈을 마주 보며 함께 씩 웃었다. 그때 이동을
알리는 안내 방송이 들렸다.

 측정을 마친 삼각형 모두에게 알립니다. 각자의 신체 정보가

담긴 결과지를 가지고 방으로 이동해 주세요.

방이 너무 많은데?

 작직쌈, 넌? 몇 번째 방으로 갈 거야?

 난 뭐든 첫 번째가 좋아.

 같이 가도 돼?

 얼마든지.

 우주선에 탑승하는 기분이 이럴까? 조금 설레는데?

1번 방에 들어서자 다시 안내 방송이 들렸다. 직쌈과 작직쌈은 안내 방송에 귀를 기울였다.

 1번 방에 오신 것을 환영합니다. 벽면 모니터에 자신을 나타내는 최소한의 정보를 입력해 주세요. 정확히 입력하면 각자 모양과 크기가 똑같은 삼각형이 있는 곳으로 이동하게 됩니다. 잘못 입력하면 이 방에 영영 갇히게 되니 주의하세요. 다른 삼각형과 의논해도 좋고, 방에 준비된 도구를 사용해도 됩니다. 행운을 빕니다.

 뭔가 입력하라는 말인가 본데?

 새로운 도전에 설렌 것도 잠시네. 겁이 나기 시작했어.

문제야 풀면 되지!

 오늘 받은 신체검사 결과를 그대로 입력하면 되지 않을까?

 '최소한의 정보'라는 단서가 있잖아. 그 말은 나를 인증하는
데 세 각의 크기와 세 변의 길이가 모두 필요한 건 아니란
뜻이지.

작직쌤의 말에 직쌤의 눈이 휘둥그레졌다. 작직쌤의 말이 맞았다.
안내 방송에서 말한 '최소한의 정보'는 중요한 단서였다. 직쌤은 작직쌤을
반짝반짝 존경의 눈빛으로 바라보며 말했다.

 그렇구나! 거기까지는 미처 생각 못했어. 여기에 나 혼자 있는
게 아니라서 다행이다.

 나도 같은 생각이야. 하나보다는 둘이 낫지.

 어떤 식으로 생각해 볼까? 우리가 각자 가지고 있는
정보 6개를 하나씩 빼서 입력해 볼까?

 차라리 정보 1개부터 시작해 보자. 제시한 정보로 삼각형이
2개 이상 나오면 탈락인 거지.

 좋아! 먼저 각이 1개 주어진 경우를 생각해 볼까?

딱 봐도 어림없어. 만약 각의 크기가 30°라고 해봐.

우리 둘 다 30°라는 각을 갖고 있지만 서로 똑같지는 않잖아.

그러니 각의 크기라는 정보 하나만으로는 자신을 인증할 수

없어!

 그렇다면 변의 길이라는 정보 1개도 마찬가지겠네.

우리 둘 다 8cm를 갖고 있지만 똑같지는 않으니까. 각의

크기든 변의 길이든 정보 1개만 가지고는 삼각형이 하나로

그려지지 않아.

 이런 식으로 따져 보면 정보 2개도 안 되겠는걸? 만약에

변의 길이를 2개 안다고 생각해 봐. 변과 변 사이가 얼마나

벌어졌는지에 대한 정보가 없으면 A만큼 벌어질지, B만큼

벌어질지, C만큼 벌어질지 모르잖아.

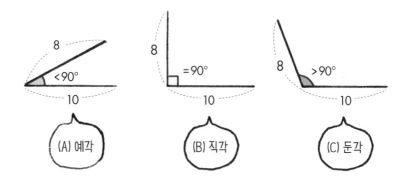

각의 크기만 2개 주어지거나 각의 크기 1개, 변의 길이 1개가
주어질 때도 자신을 인증하기엔 정보가 부족해.

그럼 이제 정보 3개로 가볼까?

정보가 3개인 경우는 세 각의 크기가 주어진 경우, 세 변의
길이가 주어진 경우, 각의 크기와 변의 길이를 합쳐서 정보가
3개인 경우가 있어.

일단 세 각의 크기가 주어진 경우는 바로 제외네. 너랑 나는
각의 크기가 모두 같지만 서로 다르잖아.

그렇네!

직쌤이 손뼉을 치며 감탄하자 작직쌤이 어깨에 한껏 힘을 주었다.

세 변의 길이가 주어진 경우는 어떨까?

음, 그건 머릿속에 바로 떠오르지 않는데? 세 변의 길이를
마구잡이로 정하고 삼각형이 몇 개 나오는지 볼까?

그 전에 확인할 게 있어! 한 변의 길이가 나머지 두 변의
길이를 합친 것보다 길면 삼각형 자체가 안 되거든.

변이 3개면 무조건 삼각형이 그려지는 게 아니야?

어디 보자! 도구를 한번 써볼까? 여기 빨대가 좋겠네. 자,

빨대에 같은 간격으로 칼집을 낸 후 꺾어 볼게. 빨대를 두 번

꺾어서 하나로 모으면 삼각형이 될 때도 있지만 안 될 때도

있어. 한 변의 길이가 너무 길면 삼각형이 될 수 없거든. 가장

긴 변의 길이가 나머지 두 변의 길이의 합보다 작아야 해.

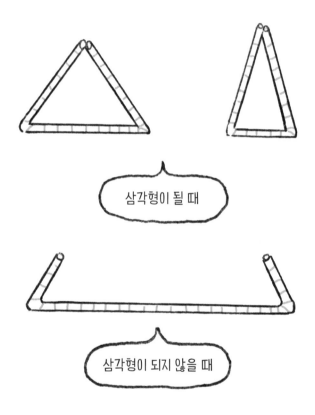

삼각형이 될 때

삼각형이 되지 않을 때

오호. 빨대를 이렇게 쓸 수 있다니 놀라워!

그나저나 세 변이 삼각형이 되지 않을 때는 생긴 게

꼭 '게' 같다.

 발음을 조심해야겠는걸?

 하하하!

 가장 긴 변의 길이가 나머지 두 변의 길이의 합보다 작다는

조건에서 삼각형을 그려 보자.

 내가 세 변의 길이를 정해 볼게.

직쌤이 펜을 들고 책상 위의 종이에 선을 쓱쓱 그렸다.

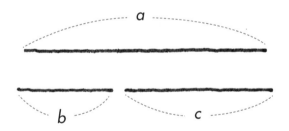

 어디 보자. 흠….

 이제 이 세 변으로 어떻게 삼각형을 그리지?

일단 삼각형을 그릴 위치에 선을 곧게 긋고 그 위에 꼭짓점을 하나 표시하는 거야. 그다음은 변의 길이를 나타내야 해.

직쌈과 작직쌈이 책상 위의 도구를 뒤적거렸다. 책상 위에는 빨대 말고도 눈금 없는 자, 필기도구, 색종이, 칼, 컴퍼스가 놓여 있다.

 그런데 여기에 컴퍼스가 왜 있지? 우리는 지금 삼각형을 그려야 하잖아. 컴퍼스는 원을 그릴 때 쓰는데?

 바로 그거야, 직쌈! 원 말이야! 원은 한 점에서 같은 거리에 있는 점들을 쭉 이은 거잖아. 바로 그 컴퍼스를 이용하면 되겠어.

 정말 그러네. 주어진 길이만큼 컴퍼스를 돌리면 같은 길이에 해당하는 점의 후보를 바로 찾을 수 있겠다.

 그럼 마저 그려 볼까? 알아보기 쉽게 기호로 변의 길이와 꼭짓점을 나타내 보자.

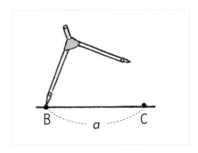

①
길이가 a인 $\overline{BC}$를 그린다.

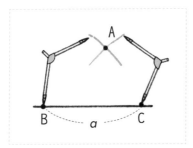

②
점 B를 중심으로 반지름의 길이가 c인 원과 점 C를 중심으로 반지름의 길이가 b인 원을 각각 그린 뒤, 두 원이 만나는 교점을 A라고 한다.

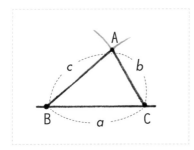

③
점 A와 B, 점 A와 C를 이으면 △ABC가 만들어진다.

세 변의 길이가 주어질 때 그려지는 삼각형은 1개구나. 각의 크기는 저절로 정해지고.

 세 변의 길이로 삼각형을 인증할 수 있겠어. 하나 찾았다!

 그럼 이제 변의 길이와 각의 크기를 섞어서 정보 3개가 주어질 경우만 남았네. 변의 길이를 2개로 하고 각의 크기를 1개로 해보자.

 두 변이 있을 때 각의 위치는 두 변 사이에 끼어 있거나 끼어 있지 않은 경우로 두 가지야.

 두 변 사이에 끼어 있는 각이라면 **끼인각**을 말하는 거지?

 맞아. 끼인각이 아닌 경우부터 볼까? 먼저 한 변을 긋고 각을 그린 후 그 각이 끼인각이 되지 않게 나머지 변을 그리면….

작찍삼이 신중하게 컴퍼스를 돌렸다.

 짜잔! 봐! 나머지 한 변의 길이에 따라 삼각형이 그려지지 않거나 1개 또는 2개로 그려져.

 맞네. 끼인각이 아니면 삼각형이 하나로 그려진다는 보장이 없어.

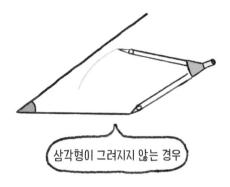

삼각형이 그려지지 않는 경우

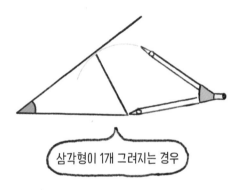

삼각형이 1개 그려지는 경우

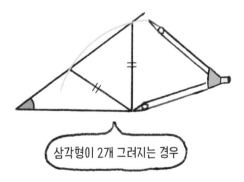

삼각형이 2개 그려지는 경우

그럼 이제 두 변의 길이와 그 사이가 얼마나 벌어지는지 주어진 경우를 살펴보자. 이번에는 내가 두 변의 길이와 끼인각을 정해 볼게.

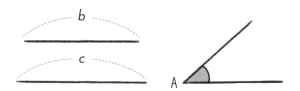

 잠깐만, 작직쌤. 이건 굳이 직접 그려 보지 않아도 알겠는데? 두 변의 길이를 대신할 손가락 2개를 정하고 그 사이를 한번 벌려 봐. 그러면 손끝과 손끝을 연결하는 변의 길이가 저절로 정해지잖아.

 오, 직쌤 좀 하는데?

 왜 그래! 쑥스럽게.

 그래도 난 도구를 써서 그려 볼래.

작직쌤이 컴퍼스를 이용해 천천히 선을 그리기 시작했다. 얼마 지나지 않아 직쌤의 말처럼 삼각형이 1개 그려졌다.

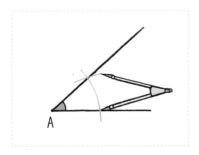

①

주어진 각과 크기가 같은 ∠A를 그린다.

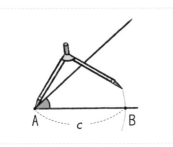

②

점 A를 중심으로 반지름의 길이가 c인
원을 그릴 때 ∠A의 한 변과 만나는
교점을 B라고 한다.

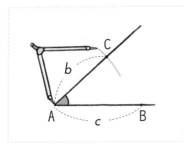

③

점 A를 중심으로 반지름의 길이가
b인 원을 그릴 때 ∠A의 다른 한 변과
만나는 교점을 C라고 한다.

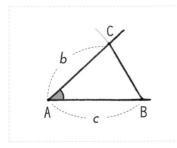

④

점 B와 C를 이으면 △ABC가 만들어진다.

역시 두 변의 길이와 그 끼인각이 주어지면 삼각형은 1개가

그려지네! 이제 변의 길이 1개와 각의 크기 2개가 주어질

때만 남았나? 양 끝각이거나 양 끝각이 아닌 경우겠네.

 맞아. 그런데 양 끝각이 아닌 경우는 각의 위치에 따라

삼각형이 1개만 그려진다고 보장할 수 없어.

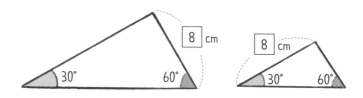

 반면에 한 변과 양 끝각이 주어졌을 때는 삼각형이 딱 하나

그려지지. 이것 봐!

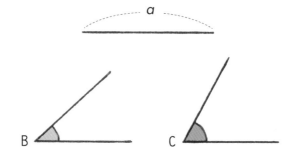

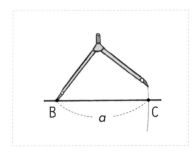

① 길이가 a인 $\overline{BC}$를 그린다.

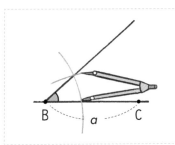

② 주어진 파란색 각과 크기가 같은
∠B를 그린다.

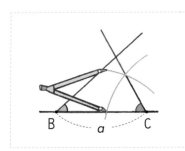

③ 주어진 빨간색 각과 크기가 같은
∠C를 그린다.

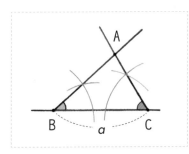

④ 두 직선의 교점을 A라고 하면
△ABC가 만들어진다.

와우! 이제 다 살펴본 거지? 정리하면 삼각형이 1개만 그려지는 최소한의 정보는 다음 세 가지 경우야. 첫째, 세 변의 길이가 주어질 때. 둘째, 두 변의 길이와 그 끼인각이 주어질 때. 셋째, 한 변의 길이와 양 끝각이 주어질 때!

 우리가 어떤 삼각형인지 인증하고 싶으면 그중에서 하나를 알려 주면 되는 거지.

 그럼 정보가 4개인 경우는 어떻게 되는 거야?

 변의 길이 3개에 각의 크기 1개가 추가되는 경우, 각의 크기 3개와 변의 길이 1개가 주어지거나 각의 크기 2개와 변의 길이 2개가 주어지는 경우가 있지. 그런데 이미 정보 3개만 가지고도 삼각형을 그릴 수 있는데 정보가 굳이 더 필요할까?

 맞네. 정보 5개, 6개인 경우도 마찬가지고.

 이제 우리를 나타내는 최소한의 정보를 입력해 볼까? 내가 먼저 해볼게. 난 두 변의 길이와 끼인각의 크기를 입력할래. 나머지 한 변의 길이는 너무 길어서 헷갈려. 4cm, 8cm, 60°!

 성공했습니다!

작직쌈이 순식간에 사라지고 직쌈만 혼자 남았다.

어, 이럴수가! 작직쌈이 사라졌네? 인사도 못했는데….

또 만날 수 있을까? 아니면 나도 같은 곳으로 가려나? 어서

입력해야지. 8cm, 60°, 90°!

 성공했습니다!

이윽고 때아닌 돌풍이 불며 직쌈의 몸이 둥실 떠올랐다.

 앗, 또! 어디로 날~아~가~네!

삼각형의 결정 조건

1. 세 변의 길이가 주어질 때
2. 두 변의 길이와 그 끼인각의 크기가 주어질 때
3. 한 변의 길이와 그 양 끝각의 크기가 주어질 때

이 세상 어딘가에
나랑 똑같은 친구가
존재할까?

쿵

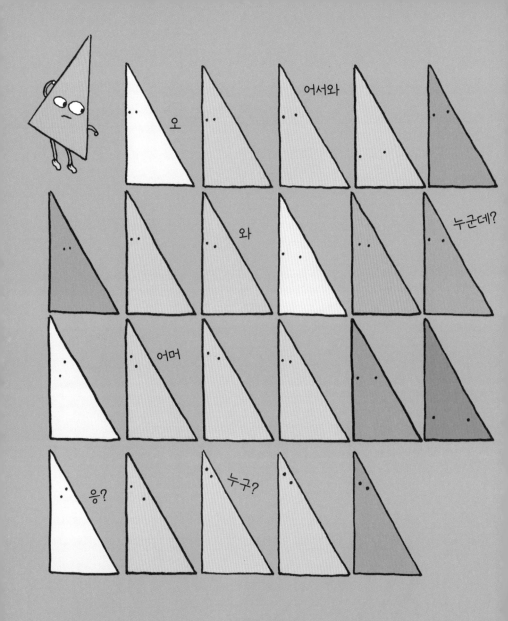

3

합동과 닮음,
나와 꼭 맞는
친구를 찾아서

수학을 사랑하는
나는야 탐험가 ~
햇볕 아래서
모자는 필수지

누구?

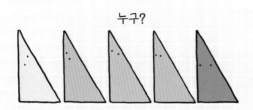

이야, 이곳은 어디를 둘러봐도 나와 같은 직각삼각형뿐이야.

여기서는 더 이상 혼자가 아니야! 직각을 가진 내 외모도 더는

놀림거리가 아니고!

 어리바리한 걸 보니 이곳에 처음 온 신입이군. 돌풍과 함께

나타난 친구!

 어! 안녕?

 안녕? 먼저 이걸 받아.

멋진 모자를 쓴 직각삼각형이 직쌈에게 줄이 3개 그어진 배지를 건넸다.

이게 뭐야? 예쁘다!

 합동계에 들어온 표식이야!

 합동계? 여기가 합동계야?

 응. 모양과 크기가 같아서 포개었을 때 완전히 겹쳐지는 두 도형을 **합동**이라고 하거든? ≡은 두 도형이 합동이라는 것을 뜻하는 기호야. 이곳은 합동인 삼각형만 모여 있는 별이니까 이 기호가 새겨진 배지를 달고 다녀.

 모두 똑같은 삼각형만 모여 있다고?

 그래서 이곳에서는 인사도 포옹으로 해.

 합동인지 아닌지 알아보려고 매번 포옹을 하는 거야? 부끄러운데…!

 농담이고. 너 여기 올 때 뭐로 인증했어?

 8cm, 60°, 90°! 한 변의 길이와 양 끝각의 크기로 인증했어.

 한 변의 길이와 양 끝각의 크기가 주어질 때 그려지는 삼각형은 하나잖아. 만약 한 변의 길이와 양 끝각의 크기가 똑같다면 결국에는 합동인 삼각형이 되겠지?

직쌈이 배지를 건네준 직각삼각형의 설명에 고개를 끄덕였다.

그러네.

 그러니 네가 합동인지 아닌지 필요한 정보를 말할 수 있다면

포옹은 안 해도 돼.

 정리하면 세 변의 길이가 같은 게 확인되거나, 두 변의 길이와

그 끼인각의 크기가 같은 게 확인되거나, 한 변의 길이와

양 끝각의 크기가 같은 게 확인되면 굳이 포옹까지는 안 해도

된다는 말이구나!

 그렇지. 무엇보다 합동계 출입 시스템이 잘되어 있어서

합동이 아니면 이곳에 아예 들어올 수가 없거든.

직쌤이 안도의 한숨을 내쉬었다. 그 순간 직쌤의 머릿속에 번쩍하고 어떤

궁금증이 스쳤다. 자신 앞에서 멋진 모자를 쓰고 콧수염을 만지작거리는

이 직각삼각형은 딱 봐도 아는 게 많아 보였다.

 왜? 궁금한 게 있으면 뭐든 물어봐!

 이곳은 별이야? 어떻게 생겼어?

 다른 곳에서 우리를 보면 그렇게 보일 수도 있겠지.

커다란 공처럼 생겼어.

그렇구나. 내가 살던 곳에서는 나만 직각삼각형이었거든?

변의 길이와 각의 크기가 모두 같은 정삼각형만 있었어.

삼각형의 합동 조건

두 삼각형은 다음의 경우에 서로 합동이다. 이때 합동 기호(≡)를 써서
△ABC ≡ △DEF와 같이 나타낸다.

1. 대응하는 세 변의 길이가 각각 같을 때

2. 대응하는 두 변의 길이가 각각 같고, 그 끼인각의 크기가 같을 때

3. 대응하는 한 변의 길이가 같고, 양 끝각의 크기가 각각 같을 때

그때를 떠올리자 직쌤의 눈가가 어느새 촉촉해졌다.

 그래서 늘 외로웠지. 여행을 떠난 것도 좀 더 넓은 세상으로

나가면 나를 더 잘 알 수 있지 않을까 해서야. 할아버지가

지어 주신 '배움'이란 뜻의 이름처럼 말이야. 배움이란

나를 제대로 아는 것부터가 시작이잖아.

 지금까지는 목표한 대로 여행이 잘 진행되고 있어?

 응! 한 번도 겪어 보지 않은 상황을 마주하면 설레기도 하고

두렵기도 해. 하지만 하나씩 해결해 가는 과정이 짜릿하고

신나! 작직쌤이라는 친구를 만나 도움도 받았고 말이야.

그 친구에게 고맙단 인사도 제대로 못하고 헤어져서 너무

아쉬워. 그 친구는 나랑 각의 크기는 같지만 변의 길이가

달라서 여기 함께 오진 못했거든.

 나중에 꼭 다시 만날 수 있을 거야. 혼자 여행을 하다니

멋지다. 네 이야기를 더 듣고 싶지만 내가 지금 일이 있어서

다른 데를 가봐야 해.

 이런, 내가 가던 길을 방해했구나.

 그건 아닌데… 괜찮다면 나 좀 도와줄래?

내가? 무슨 도움이 필요한데?

 난 합동계에서 측정하기 어려운 것을 측정해 주는 일을

하거든. 꽤 넓은 지역의 거리를 측정해야 할 때가 있는데 줄을

함께 잡아 주거나 각을 측정해 줄 친구가 있으면 편하지.

 좋아!

 먼저 강가로 가야 해.

 강을 측정하는 거야? 기대된다!

 글쎄, 쉽지만은 않을걸?

강가에 도착한 두 직각삼각형은 강 건너편을 유심히 바라봤다.

 자! 저 강의 폭을 측정할 거야.

 근데 강 위를 어떻게 측정해?

 너, 설마 물 위를 못 걷니?

 뭐라고?

 하하, 농담이야. 물 위를 걸을 순 없으니까 땅을 이용해야지.

나는 여기서 저 강 끝을 보고 있을 거야. 내 시선이 보는 각도를

네가 측정해 주면 돼. 내 아이디어 노트를 보여 줄게.

내 키가 몇 cm인지 아니까 강 끝을 바라보는 각을 네가
측정해 주면….

 한 변의 길이와 양 끝각의 크기가 같아서 합동인 삼각형을
이쪽 강변에 나타낼 수 있지. 그러면 강 위를 걷지 않아도
강의 폭을 측정할 수 있겠구나.

 오, 맞아! 너… 수학 센스가 좀 있는데? 척하면 착이군!

칭찬에 기분이 좋아진 직쌤은 강폭을 측정하는 작업을 끝까지 열심히
도왔다. 마침내 측정을 끝낸 두 직각삼각형은 햇볕을 피해 나무 밑으로
가서 앉았다. 그늘 속에서 모자를 벗은 직각삼각형은 갑자기 옛 생각이
떠올랐는지 한 이야기를 들려주기 시작했다.

 예전에 땅을 소유한 이들에게 세금을 부과하기 위해 땅을
측정해야 했거든? 그런데 땅에 나무, 연못, 늪 같은 장애물이
있기도 하잖아. 그럴 때는 땅의 모양을 삼각형으로 단순하게
만든 다음, 합동인 땅을 이용해서 측정하곤 해.

 그렇구나. 합동이 참 여기저기 유용하게 쓰이네.
그런데 삼각형이 클 경우에는 엄청 넓은 땅이 필요하겠어!

이곳에는 아직 그런 땅이 많아. 그게 내 땅이 아니란 건 아쉽지만. 하하! 아무튼 네 덕에 오늘 작업이 일찍 끝났어. 고마워!

도움이 되었다니 다행이다! 처음 해보는 일이라 나에게도 새로운 경험이었어. 그런데….

그런데?

너 이름이 뭐야?

이런! 내가 아직 내 이름도 안 알려 줬나?

직쌈은 머리를 긁적이며 고개를 끄덕였다.

미안, 내 이름은 탈레스야!

탈레스?

응. 수학을 사랑하는 탐험가지! 요즘은 MBTI로 성격을 말하던데 난 ENTJ가 나오더라. 뭐든 끈질기게 관찰하고 논리적으로 생각하는 습관이 있어. 네가 이곳에 떨어지던 날도 번개를 관찰하고 있었지. 돌풍을 동반한 번개에서 네가 떨어졌고 말이야.

난 번개가 치면 도망가기 바쁜데 대단하다!

 하하하. 다들 그렇지. 하마터면 너처럼 수학 센스가 있는 친구를 못 만날 뻔했네.

 칭찬을 들으니 기분 좋은데? 난 직쌤이라고 부르면 돼!

 좋아! 친구가 된 기념으로 내가 비밀 하나 말해 줄까? 번개든 별이든 끈질기게 관찰하면 돈을 벌 수 있어.

 돈을?

 그래. 나는 밤마다 별을 보거나 날씨를 관측하는 걸 좋아하거든? 그렇게 기록이 쌓이다 보면 거기에서 또 새로운 발견을 하기도 해. 예를 들어 그동안 모은 기록을 보니까 내가 살던 동네의 기후 패턴이 보였어. 주로 올리브 농사를 짓는 곳이었는데 비가 오면 농사를 망쳐서 다들 올리브유를 짜는 기계를 내다 팔곤 했지. 그런데 기록을 보니 다음번에는 올리브 농사가 대박 날 날씨가 분명한 거야! 그때가 되면 올리브유를 짜는 기계가 많이 필요할 거라고 생각했지. 그래서 비가 와서 싸게 내놓는 기계들을 야금야금 사두었어. 결과는 역시나 내가 예측한 대로였어. 풍년이 들면서 올리브유를 짜는 기계가 다시 필요해졌거든. 기계들을 더 비싼 값에 판 덕분에 난 부자가 되었고!

직쌤은 마치 자신이 겪은 일처럼 탈레스의 이야기에 빠져들었다.

 우와! 끈질기게 관찰하고 기록하는 습관이 돈을 불러왔구나.

 하하하. 그런가? 아무튼 이제는 돈 걱정 없이 내 취미인 수학
연구를 즐길 수 있어.

 수학 연구를 좋아하는 건 이해할 수 없지만 나도 돈 걱정 없이
하고 싶은 일을 하며 살고 싶긴 하다. 너처럼 되려면 나도
수학을 공부해야 할까?

 하하. 결론이 그렇게 되나? 다들 돈은 좋아하지만 수학이
취미라고 하면 혀를 내두르더라. 난 어릴 때도 장난감을 갖고
노는 것보다 도형을 그리며 노는 게 더 재밌었어. 연필 하나만
있으면 어디서든 도형을 쓱쓱 그렸다가 지우면 되잖아. 며칠
전에는 이등변삼각형을 끄적이며 놀다가 두 밑각의 크기가
같다는 사실을 증명했지. 나는 이미 충분히 알고 있는 사실도
꼬치꼬치 증명하려고 하거든. 그러다 보니 내 성격이 그리
털털하지는 않아. 그게 피곤한 친구들은 날 떠나갔고 말이야.
그래서 지금 곁에 남은 친구들이 소중해.

 그렇구나. 나도 너와 오래오래 친구이고 싶어.

맞다! 오늘 친구들을 만나기로 했는데 같이 갈래?

새로운 친구들을 사귈 수 있을 거야.

 좋아!

직쌤과 탈레스가 함께 도착한 곳은 은은한 조명이 깔리고 찻잎을 우려낸 향이

가득한 카페였다. 카페에서 직각삼각형들은 삼삼오오 모여 진지한 모습으로

이야기를 나누고 있었다. 직쌤은 카페의 조용하면서도 열띤 분위기가 맘에

들었다. 탈레스가 이곳저곳을 돌아다니며 친구들과 안부를 주고받는 사이,

직쌤은 카페 구석구석을 구경했다. 친구들과 인사를 마친 탈레스가 직쌤의

곁으로 다가왔다.

 어때, 이곳은 맘에 들어?

 응, 완전 좋은데? 이런 곳이 있다니 최고야!

 더 좋은 곳을 알려 줄까?

 더 좋은 곳?

 이곳에서 혼자 있고 싶을 때 내가 자주 가는 곳이 있어.

한번 가볼래?

 당연하지!

탈레스는 직쌈을 한적한 테라스로 안내했다. 테라스에서 올려다본
밤하늘에는 별이 총총했다. 탈레스의 눈도 별처럼 반짝거렸다.

 넌 정말 별 보는 걸 좋아하는구나. 별을 보자마자 얼굴이
환해졌어.

 그럼! 난 별 보는 게 정말 좋아. 걸으면서 별을 보다가 넘어진
적도 한두 번이 아니야. 그렇게 별을 봐서 뭐하냐는 소리도
여러 번 들었지.

 네가 느끼는 행복이 나한테도 전염되는 것 같은데? 실은
나와 똑같은 친구들을 만나서 오늘 하루 너무 행복했어.
늘 내가 끼면 안 되는 곳에 있는 기분이었거든.

 좋은 시간이 되었다니 다행이야.

 별이 참 예쁘다. 우리 별도 다른 곳에서 보면 저렇게 빛날까?

 그렇겠지?

 별을 보고 있으니 내가 합동계로 올 수 있게 도와준 친구가 또
생각나네.

 밤은 우리의 감성을 끌어 올리는 효과가 있지. 너와 각의
크기가 같은 친구라고 했지? 내가 선물 하나 줄게.

앗, 아니야! 오늘 이렇게 좋은 경험을 만들어 준 것도 나에겐

이미 엄청난 선물이야.

직쌤은 이미 충분하다는 듯 탈레스에게 두 손을 휘휘 내저었다.

탈레스가 하하 웃으며 직쌤의 손에 무언가를 쥐어 주었다.

 네가 나를 오늘 도와준 거에 비하면 이쯤은 아무것도 아니지.

자, 이거 받아.

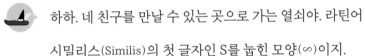 이게 뭐야? 낚싯바늘인가?

하하. 네 친구를 만날 수 있는 곳으로 가는 열쇠야. 라틴어

시밀리스(Similis)의 첫 글자인 S를 눕힌 모양(∽)이지.

시밀리스가 무슨 뜻이야?

영어로 닮았다(similar)는 뜻이야. 닮음계로 가는 데 필요한

열쇠지. 어쩌면 네 친구는 이미 그곳에 있을지도 몰라.

닮음계? 거긴 어디야?

닮음인 도형들이 모여 있는 곳이야.

닮음인 도형? 닮았다는 것을 어떻게 알아? 그냥 느낌이

통하면 되는 건가?

느낌에 따라 판단한다면 모두가 느끼는 게 다르니 혼란이
와서 안 되지. 물론 우리가 일상에서 쓰는 말처럼 비슷하다는
뜻도 아니야. 음, 어떻게 설명하면 좋을까?

탈레스는 잠시 생각에 잠겼다. 그러더니 이윽고 그림을 보여 주며 설명하는
게 낫겠다고 생각했는지 아이디어 노트를 다시 꺼냈다.

 그래! 직쌤, 여기 오기 전에 신체검사에서 받은 네 측정값을
기억해?

 당연하지. 30°, 60°, 90°에 8cm, 13.8564cm, 16cm야.

 좋아. 모든 삼각형은 저마다 측정값을 가지고 있어. 한 도형을
일정한 비율로 확대하거나 축소해서 다른 도형과 모양,
크기가 같아지면 **닮음**이라고 해. △ABC를 2배로 키우거나
△DEF를 $\frac{1}{2}$배로 줄이면 서로 완전히 포개어지는데 이때
두 도형을 닮음이라고 하는 거야. 닮음인 도형끼리는 변마다
대응하는 길이의 비가 같고, 대응하는 각의 크기가 같아.
그림을 보면 대응하는 변의 길이가 1:2의 비율로 나타나고
세 각의 크기가 각각 같지.

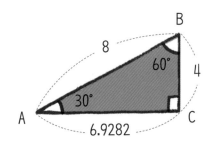

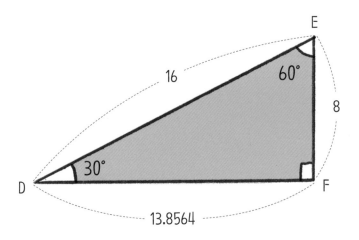

그럼 나와 닮음인 삼각형을 찾으려면 변마다 대응하는

길이의 비와 각의 크기가 같은지 일일이 확인해 봐야 해?

 그건 아니야. 두 삼각형이 합동인지 아닌지 판단할 때 정보를

몇 개 확인했는지 기억해?

 물론이지. 정보 3개만 확인해도 충분했어.

 맞아. 두 삼각형이 닮음인지 아닌지 판단할 때도 비슷해.

 그러면 두 삼각형이 닮음인지 아는 최소한의 조건은 뭐야?

 먼저 닮음일 때 대응하는 변의 길이의 비를 **닮음비**라고 해.

 용어가 있으니 좋네!

 그치? 그럼 여기 닮음비가 1:2인 삼각형이 2개 있다고

해보자. 삼각형 이름은 각각 △ABC와 △DEF로 하고.

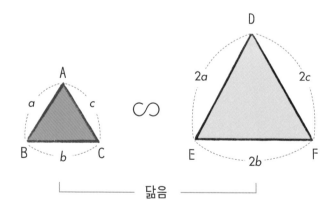

이 두 삼각형은 닮음이니 대응하는 세 변의 길이의 비가 같고 각의 크기도 같겠네?

 그렇지. 이제 △DEF와 세 변의 길이가 같은 △GHI, △JKL을 그려 볼게.

직쌤이 끄덕이자 탈레스가 노트에 똑같은 삼각형을 2개 그렸다.

 세 변의 길이가 같으니까 △DEF, △GHI, △JKL은 합동이네!

 맞아! 그럼 △ABC와 △GHI, △ABC와 △JKL은?

 △ABC와 △DEF가 닮음이니까….

 닮음이니까?

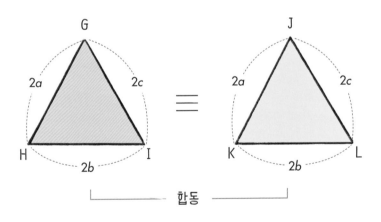

결국 △ABC와 △GHI, △ABC와 △JKL도 닮음 아닐까?

 맞아! △DEF와 세 변의 길이가 같은 삼각형은 모두

△ABC와 닮음이 될 거야. △DEF와 마찬가지로

△ABC와 대응하는 길이의 비는 1:2가 될 테고. 결국 두

삼각형이 닮음인지 아닌지 궁금할 때는 대응하는 세 변의

길이의 비가 같은지 살펴보면 된다는 말이지. 각은 저절로

같아지니까.

 대응하는 세 변의 길이의 비가 같다면 닮음이 된다는 거네.

군이 각을 일일이 살펴보지 않아도 되고!

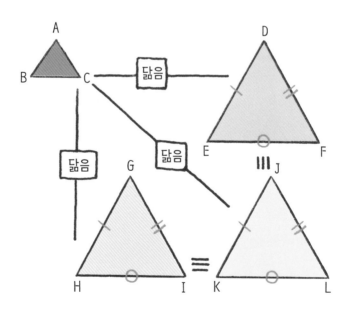

또 △ABC와 △DEF가 닮음일 때 △DEF와 두 변의 길이, 끼인각이 같은 삼각형 역시 △ABC와 닮음이 돼. 그러니까 두 변의 길이의 비와 그 사이의 끼인각이 같으면 닮음이 되는 거야.

 완전 천재인데?

 하하, 뭘 이런 걸 갖고.

 잠깐만! 넌 내 친구가 나랑 각의 크기가 같다는 것만으로 닮음계에 있을지도 모른다고 했잖아. 각만 봐도 닮음인지 알 수 있는 거야?

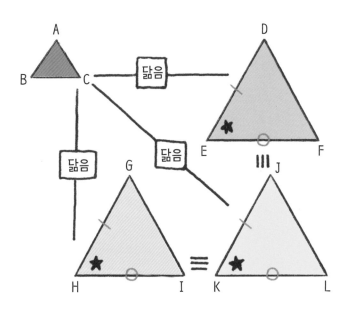

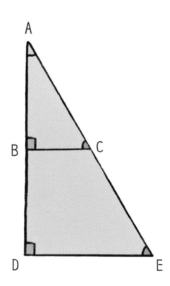

당연하지. 너와 그 친구를 포갠 그림을 한번 그려 볼래? 누가 더 컸어?

각은 둘 다 같았지만 크기는 내가 더 컸어. 그래서 그 친구를 작직쌈이라고 불렀지. 이렇게 그려질 거야.

△ADE는 너고, △ABC는 그 친구겠구나?

맞아.

좋았어. 여기에 선을 몇 개 더 그려 보면 이해가 될 거야. 자, 네가 그린 그림에서 $\overline{BC}$와 $\overline{DE}$가 평행하지? 여기에 보조선 $\overline{CD}$와 $\overline{BE}$를 그어 보는 거야. 그럼 △BCD와 △BCE는 밑변이 $\overline{BC}$로 같고 높이가 같으니 넓이가 같아져.

오, 정말이네?

 그러면 △ABC를 공통으로 갖고 있는 △ADC와 △AEB의

넓이도 같아지지. 높이가 같은 삼각형의 넓이의 비는 밑변의

길이의 비와 같으니까 △ABC와 △ADC는 넓이의 비가

$\overline{AB}:\overline{AD}$야.

 같은 이유로 △ABC와 △AEB는 넓이의 비가 $\overline{AC}:\overline{AE}$가 돼.

 맞아. △ABC와 △ADE도 마찬가지야. 끼인각 A가 같고

$\overline{AB}:\overline{AD}=\overline{AC}:\overline{AE}$가 되니까 대응하는 두 변의 길이의 비와

끼인각의 크기가 같아서 닮음이 되지. 그래서 각의 크기가

같은 너랑 네 친구도 닮음이 되는 거야!

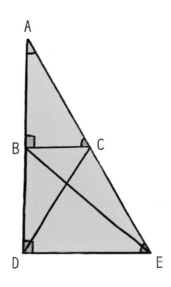

와, 너 설명 진짜 잘한다! 각의 크기가 같으면 두 삼각형은

닮음이 되는구나.

 그렇지. 삼각형은 각의 크기 2개를 알면 나머지 각은 저절로

알 수 있으니까. 결국 각의 크기가 2개 같으면 두 도형은

닮음이 되는 거야.

 닮음계는 각의 크기가 같은 삼각형이 모두 모이는 곳이니

내 친구가 닮음계에 이미 있을지 모른다고 한 거구나.

그렇다면 네가 준 이 열쇠로 나도 빨리 가봐야겠어.

작직쌈이 먼저 가서 나를 찾고 있을지도 모르니까.

직쌈이 탈레스가 준 닮음계 열쇠를 두 손에 꼭 쥔 채 밤하늘을 올려다봤다.

무수히 빛나는 별들 어딘가에 작직쌈이 있을 거라는 믿음 때문일까? 직쌈은

반짝이는 별들이 마치 서로 반갑게 인사를 나누는 것 같다는 생각이 들었다.

 저 하늘에 보이는 별들은 서로 다른 닮음계가 빛나는 거야.

닮음계는 노른자가 여러 개 있는 계란처럼 합동계를 감싸

안고 있지.

 넌 벌써 그곳을 다 돌아본 거야?

삼각형의 닮음 조건

두 삼각형은 다음의 경우에 서로 닮음이다. 이때 닮음 기호(∞)를 써서 $\triangle ABC \infty \triangle A'B'C'$와 같이 나타낸다.

1. 대응하는 세 변의 길이의 비가 같을 때

$a : a' = b : b' = c : c'$

 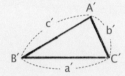

2. 대응하는 두 변의 길이의 비가 같고, 그 끼인각의 크기가 같을 때

$a : a' = c : c', \angle B = \angle B'$

 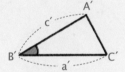

3. 대응하는 두 각의 크기가 같을 때

$\angle B = \angle B', \angle C = \angle C'$

 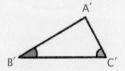

꼭 직접 가봐야만 알 수 있는 건 아니야. 머릿속에서 실험하는 것만으로 한 번도 경험하지 못한 사실을 알아낼 수 있거든. 그게 가능해지면 내가 어디에 있는지는 크게 중요하지 않고 말이야.

알 듯 말 듯 모르겠는걸. 한자리에 앉아서 생각만으로 실험이 가능하다니 너도 참 대단하다.

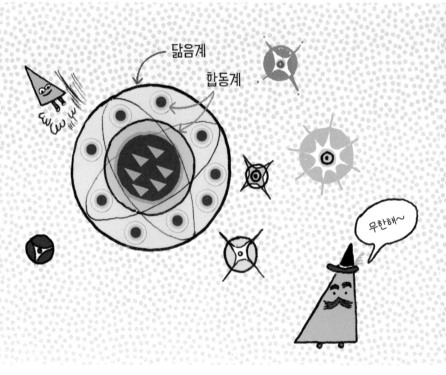

칭찬이지? 고마워. 넌 직접 부딪치며 호기심을 푸는 성격인

것 같아. 각자 자신에게 맞는 방법이 있는 거니까 사실 정답은

없지.

 여기 와서 널 만난 건 행운이었어. 나야말로 고마워.

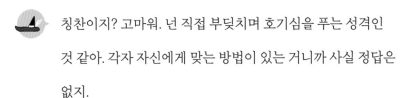 하하. 자, 우리 마지막으로 악수나 할까?

직쌈은 탈레스와 악수를 나눴다. 이제 헤어져야 할 때였다. 직쌈은 왠지

탈레스를 금방 다시 볼 수 있을 것 같다는 예감이 들었다. 그래서인지 직쌈은

탈레스와의 마지막이 아쉽지 않았다.

 닮음계로 가서 친구도 꼭 찾고 너 자신을 더 잘 알고 싶다는

여행의 목적도 이루길 응원할게.

 고마워, 탈레스. 우리 금방 또 만나자!

닮음계

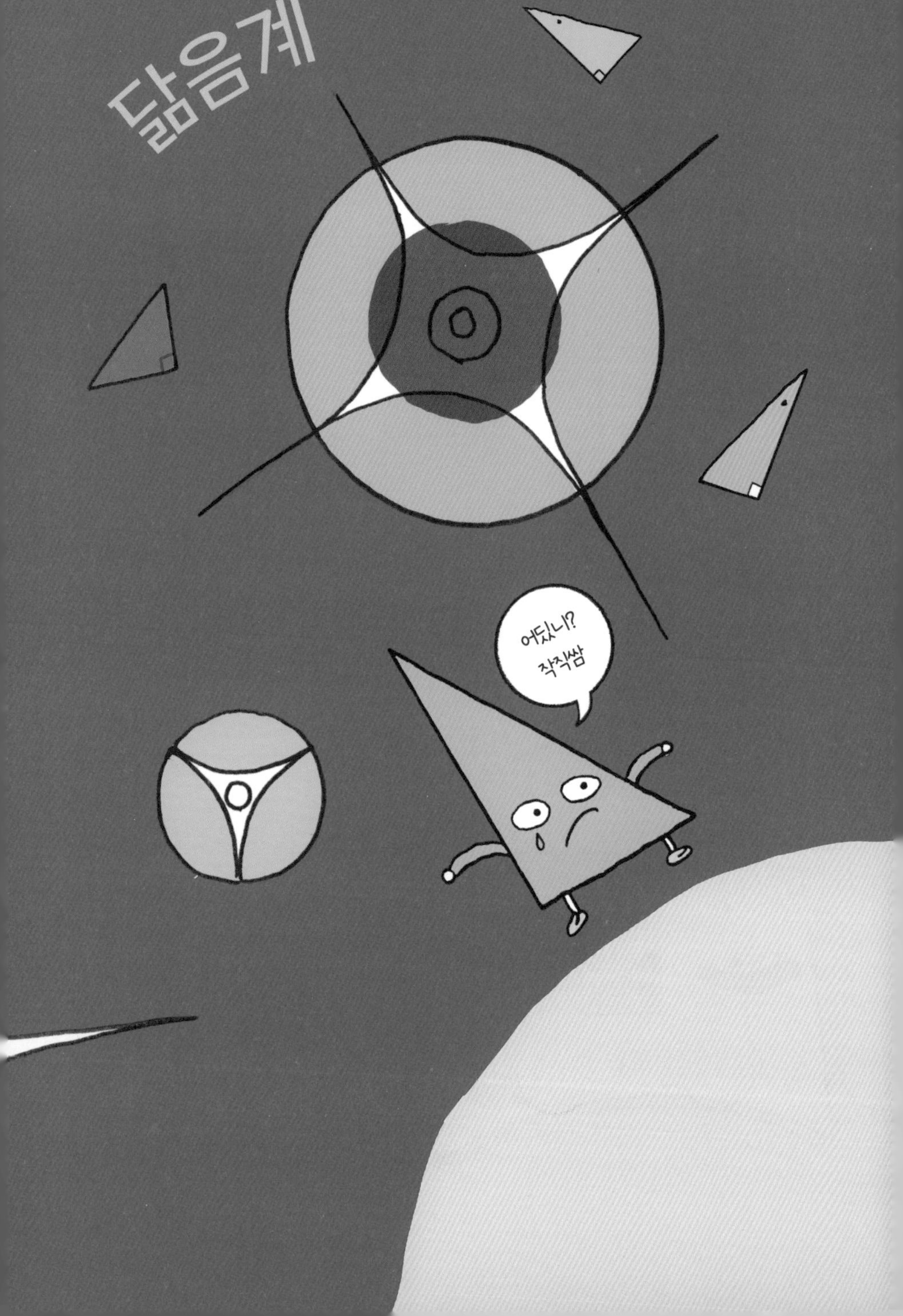

4

닮음계,
함께라서
행복해!

우리…
좀 멋진 듯?

넓이가
같지!

오호! 열쇠를 비싸게 주고 살 만했군. 나도 드디어 닮음계에

들어왔어. 이곳 직각삼각형들은 나머지 두 각이 30°, 60°로

나랑 같아.

작직쌈은 닮음계를 돌아다니는 여러 가지 크기의 직각삼각형들을

바라봤다. 합동계에는 크기와 모양이 모두 똑같은 직각삼각형만 있던

반면, 닮음계에는 모양은 같지만 크기는 다양한 직각삼각형이 각자의 삶을

자유롭게 누리고 있었다.

 우와, 저 삼각형 좀 봐. 요가를 저렇게 잘하는 삼각형은 또

처음 보네? 확실히 합동계보다는 좀 더 다채로운 분위기야.

직쌈도 나와 닮음이니까 이곳에서 만날 수 있지 않을까?

작직쌈은 직쌈을 만날 수 있을 거란 기대에 부풀었다. 그때 바람에 날려 온

전단지 한 장이 작직쌈의 이마를 툭 치고 떨어졌다.

 아얏. 뭐지? 건물이 소문자 r처럼 생겼네. 나에 대해

더 잘 알 수 있다고? 그것도 무료로? 닮음계의 첫 방문지로

한번 가볼까?

작직쌤은 전단지에 그려진 약도를 따라 길을 나섰다. 조금 걷다 보니

길 한편에서 웅성거리는 소리가 들렸다. 작직쌤이 다른 직각삼각형을

비집고 앞으로 갔다. 한 상인이 '직각삼각형 마트료시카 절찬리 판매'라는

현수막을 걸고 뭔가를 열심히 팔고 있었다.

? 골라, 골라! 무조건 1+1! 하나를 사면 하나는 거저 드립니다. 곧 매진이에요! 닮음계 방문 기념품으로는 딱이죠. 서비스로 선물 포장도 해드립니다!

🔺 인형인가요?

? 네! 행운을 상징하죠. 한번 보세요.

🔺 어라? 직각삼각형 옆에 더 작은 직각삼각형. 그 옆에 훨씬 더 작은 직각삼각형이 놓여 있네요. 모두 닮음이고요.

? 원래는 엄마가 자식을 품은 것처럼 큰 인형 속에 작은 인형이 들어 있어요. 그걸 우리 닮음계에 맞게 만들어 봤죠. 닮음계에 왔다면 꼭 사야 하는 기념품이에요.

🔺 이름도 있나요?

? 직각삼각형 마트료시카라고 불러요. 여행 선물로 이만한 게 없죠. 다들 못 사서 난리라니까요?

상인의 말대로 기념품의 인기가 좋은지 계속해서 손님이 불어났다.
작직쌈은 결국 뒤로 밀려났다. 지도를 보며 다시 길을 나선 작직쌈은
이번에는 피라미드 앞에서 모자를 쓴 직각삼각형이 바쁘게 움직이는 광경을
맞닥뜨렸다.

뭘 하는 거지? 저 거대한 피라미드 앞에서? 가만! 이 익숙한

뒷모습은…? 직쌤 아냐?

작직쌤은 직쌤으로 보이는 삼각형에게 다가가 냅다 등을 쳤다.

 야! 친구!

 아얏! 누구야?

갑자기 등짝 스매싱을 맞은 탈레스가 황당한 눈빛으로 작직쌤을 쳐다봤다.

작직쌤 역시 깜짝 놀라 탈레스를 마주 봤다.

 헉! 미안해. 내 친구랑 똑같이 생겨서 그만 착각했어.

내가 너무 세게 때렸지? 정말 미안해!

 아, 뭐. 그럴 수도 있지. 괜찮아. 여기선 가끔 있는 일이야.

탈레스는 그 말 그대로 방금 전 일을 전혀 신경 쓰지 않는지 침착했다.

어느새 작직쌤을 뒤로한 탈레스는 하던 일에 다시 집중하며 무슨 말을 혼자

중얼거렸다.

지금은 햇빛이 곧게 내리쬐는 낮 12시. 피라미드의 그림자는 65m야. 피라미드에서 한 모서리의 길이는 230m니까 피라미드의 중심에서 그림자까지는 180m고….

뭘 하는 거야?

아, 아직 안 갔어?

응. 아무리 그래도 양심이 있지, 어떻게 그냥 가.

마침 잘됐다. 그럼 초면에 미안하지만 내가 잡고 있는 막대기의 그림자 좀 재줄래?

그림자?

참, 내 이름은 탈레스! 또 통성명도 안 할 뻔했네.

난 그냥 작직쌤이라고 불러 줘.

탈레스는 말없이 작직쌤에게 기다란 자를 건네줬다.

이 자로? 이렇게 재면 되나?

맞아, 내가 한쪽을 잘 잡고 있을게.

어… 그림자의 길이는 2m네.

고마워. 막대기의 길이는 1.63m니까….

탈레스는 땅에 그림을 그리기 시작했다. 작직쌤은 홀린 듯 탈레스의 모습을 잠자코 지켜봤다.

 낮 12시의 쨍쨍한 햇빛 아래서 막대기와 그림자, 피라미드와 그림자는 닮음이 되니까 $2 : 1.63 = 180 : x \cdots$

그럼 x 는 146.7m군. 계산 끝!

탈레스가 후련한 얼굴로 벌떡 일어서며 계산을 끝냈다. 작직쌤은 그제야 탈레스가 계산하던 것이 무엇인지 알아채고 소리쳤다.

 설마! 피라미드의 높이를 구한 거야?

 빙고! 닮음을 이용하면 직접 재기 어려운 길이도 알 수 있거든. 하하.

 합동계에서 합동을 이용해 거리를 측정하는 건 봤지만 저렇게 큰 피라미드의 높이라니… 대단하다!

 같은 원리야. 다만 합동은 닮음비가 1:1인 경우지.

 그런데 아무리 봐도 내 친구랑 정말 똑같이 생겼어.

 그래? 그 친구도 잘생겼나 보구나.

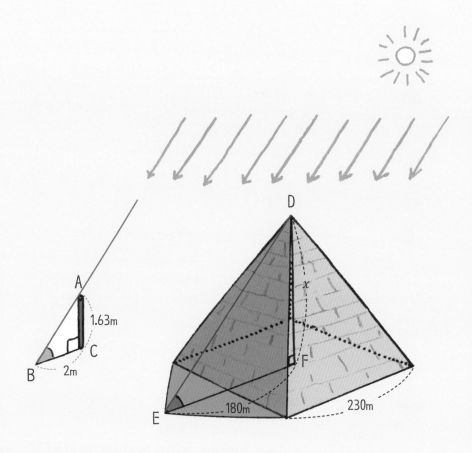

어? 하하하.

흠, 그러고 보니 나랑 똑같이 생긴 직쌈이라는 친구도 자기 친구를 찾고 있었지.

직쌈? 내가 찾던 친구 이름이 직쌈이야!

그래? 어떻게 이런 우연이… 직쌈도 지금 닮음계에 있어. 내가 이곳에 올 수 있는 열쇠를 줬거든.

정말? 혹시 어디로 갔는지 알아?

아마 널 찾아 돌아다니고 있을걸.

나도 직쌈을 만나려면 부지런히 움직여야겠어.

직쌈에 대한 실마리를 얻은 작직쌈이 주먹을 불끈 쥐며 대답했다. 탈레스는 걱정 말라는 듯 작직쌈에게 말했다.

만날 인연은 결국 만나게 되어 있더라고. 그럼 나도 할 게 많아 이만 가봐야겠어.

어디로 가는데?

터널을 뚫으러 가.

터널도 뚫어?

산의 이쪽에서 저쪽으로 곧은길을 뚫는 건 어렵지만 내
친구 에우팔리노스라면 가능하지. 난 아이디어를 조금 보태
주는 정도고. 시간만 괜찮으면 한번 들어 볼래? 말하면서 내
이론을 다시 살펴보는 거니까 지루하면 그냥 가도 괜찮아.

그러지, 뭐.

잘됐다. 내가 아이디어 노트를 어디 뒀더라.

오, 노트에 다 적어 놨구나? 그림도 있네.

에헴, 먼저 뚫고자 하는 곳을 XY라고 해볼게. 같은 고도를
계속 유지하면서 X에서 A-B-C-D-E-F를 지나 Y까지
직각으로 거리를 재는 거야. 그러고 나서 XY를 빗변으로 하는
직각삼각형 XYZ를 생각하는 거지.

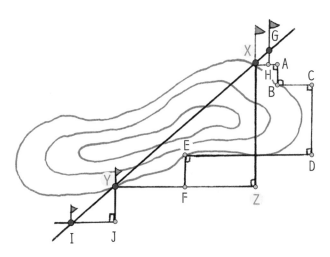

그다음은?

 직각삼각형 XYZ의 밑변의 길이는 $(\overline{YF}+\overline{ED})-(\overline{XA}+\overline{BC})$가 되고 높이는 $\overline{AB}+\overline{CD}+\overline{EF}$ 가 되지. 여기에 직각삼각형 XYZ와 닮음인 삼각형 YIJ와 GXH를 그려. 그리고 X와 G에 눈에 잘 보이는 깃발을 하나씩 세우고 깃발이 서로 겹쳐지도록 X를 향해 땅을 계속 파는 거야. Y와 I에도 똑같이 깃발을 하나씩 세운 다음, 서로 겹쳐지도록 X를 향해 파고들어 가고. 그러다 보면 짠! 하고 터널이 완성돼.

 와, 멋지다! 닮음계에는 놀랄 일이 참 많네. 넌 참 아는 것도 많구나. 똑똑하다는 소리 좀 들었겠는데?

 별말씀을. 이 모든 게 친구 덕이지. 수학을 좋아하는 친구들을 만나면서 많이 배우고 수학에 대한 내 열정도 더 확실하게 깨달았거든. 너도 어서 친구를 다시 만나길 바랄게. 좋은 친구는 내 자신을 더 잘 알 수 있게 도와주거든.

 정말 좋은 말이다. 고마워.

 이곳에서 직쌤을 만날 순간이 무척 기다려지겠다. 그래도 이곳에 직쌤만큼 너와 잘 맞는 친구가 또 있을지 모르니 다른 친구들도 만나 봐.

좋아.

마침 이 길을 쭉 따라가다 보면 소문자 r처럼 생긴 건물이 나오거든?

어? 내가 지금 가려던 곳 같은데? 이 전단지 좀 봐봐.

이런 우연이! 맞아. 같은 곳이야. 거기로 가면 너와 꼭 맞는 친구 2명을 만날 수 있을 거야.

나와 꼭 맞는 친구? 합동인가?

다른 의미로 꼭 맞을 거야.

탈레스는 의미심장한 미소를 지었다.

너는? 너도 올 거야?

터널을 뚫는 일부터 도와주고 시간이 되면 갈게. 아마 그냥 보기만 해도 자석처럼 서로를 알아볼 거야. 그리고 각자에 대해 더 깊이 알게 될 거고.

둘은 악수를 나누고 헤어졌다. 얼마 지나지 않아 히파수스 연구소 앞에 도착한 작직쌈은 고개를 뒤로 젖혀 커다란 연구소 건물을 올려다봤다.

환영합니다. 이곳에 오신 삼각형 여러분. 히파수스

연구소에서는 24시간 언제든 모든 검사를 무료로 받을 수

있습니다. 인증값으로 본인이 가진 세 변의 길이를 입력해

주세요.

 어디 입력해 볼까? 4cm, 6.9282cm, 8cm!

 업데이트 대상자입니다. 오른쪽 측정기 위에 올라가 주세요.

작직쌤이 안내대로 측정기에 올라서자마자 삐빅 하는 소리가 들렸다.

 다 되었습니다.

뭐야, 올라오자마자 측정이 끝난다고? 합동계에서는 온 몸으로 한 바퀴를 돌아야 했는데. 엄청 편리해졌네.

결과를 받으세요. 4cm, $4\sqrt{3}$ cm, 8cm입니다.

뭐지? 중간에 있는 이 새로운 기호는? 6.9282가 바뀐 건가? 이걸 어떻게 읽으라는 거야. 그러고 보니 이 건물의 모양인 소문자 r이랑 비슷하잖아.

다음 분이 측정을 기다리고 있습니다. 궁금한 점은 빨간색 라인을 따라 이동하면 안내받을 수 있습니다.

작직쌤은 빨간색 라인을 따라 이동했다. 도착한 곳에는 자신과 닮은 직각삼각형들이 결과지를 받고 의자에 앉아 있었다. 작직쌤이 마지막 의자에 앉자 의자 뒤에서 누군가의 목소리가 들렸다.

5명 정원이 다 찼으니 곧 시작하겠군.

안녕하세요. 측정값에 있는 $\sqrt{}$ 가 낯선 분들이 계시죠. 이 기호의 이름은 근호이고 '루트'라고 읽는답니다. 뿌리를 뜻하는 라틴어 라딕스(radix)의 첫 글자를 따서 기호를 만들었어요.

그럼 $\sqrt{3}$ 은 '루트 삼'이라고 읽나요?

네, 맞습니다. 여러분은 모두 $\sqrt{3}$ 을 가지고 있습니다.

뿌리라고 하셨는데 어떤 뿌리를 말씀하시는 거죠?

제곱해서 3이 되는 수의 뿌리지요.

자리에 앉아 있던 직각삼각형들이 각자 자신의 결과지를 들여다봤다.

작직쌤도 자신의 결과지를 골똘히 바라보다가 말했다.

제곱해서 3이 되는 수가 내 머리 안에는 없는데? 1.5인가?

아니야. 1.5×1.5=2.25잖아. 3이 되려면 모자라. 1.65인가?

1.65×1.65는… 아닌데?

네, 그렇게 떠오르지 않을 때 쓰면 됩니다. 예를 들어

제곱해서 4가 되는 수에는 뭐가 있죠?

2와 -2요!

맞아요. 그렇다면 제곱해서 11이 되는 수는요?

바로 떠오르나요?

아니요.

그때 이 기호를 쓰면 됩니다.

$\sqrt{11}$과 -$\sqrt{11}$처럼요?

맞아요. 어렵지 않죠? 그러니까 $\sqrt{3}$을 제곱하면 3이 됩니다. 식으로 나타내면 $(\sqrt{3})^2$=3이죠.

저는 원래 6.9282cm라고 알고 있던 변의 길이가 $4\sqrt{3}$cm로 바뀌었어요.

네. $\sqrt{3}$을 소수로 고치면 불규칙한 무한소수가 되거든요. $4\sqrt{3}$=6.92820323027550917410978536602348946777122101524152251222 32279178…이 돼요. 그래서 그걸 모두 담아내기 어려웠던 과거에는 근삿값으로 뒤를 잘라 버렸어요.

아! 뒤의 값은 매우 작으니 그냥 무시한 거군요.

하지만 없는 것도 아닌데 마냥 무시할 수는 없죠. 그래서 이렇게 기호를 써서 다시 알려드린 겁니다.

우리는 모두 신비한 수를 품고 있는 셈이네요.

네, 알 수 없는 매력이 끝없는 존재들이세요. 앞으로 혹시 필요할지 모르니 팁을 하나 알려드리죠. $\frac{1}{\sqrt{3}}$은 분자와 분모에 $\sqrt{3}$을 곱한 $\frac{\sqrt{3}}{3}$과 같습니다. 혹시 더 궁금하신 게 있으면 언제든지 저희 연구소로 연락 주세요.

설명이 끝나자 직각삼각형들이 의자에서 일어나 우르르 나갔다. 몇몇

직각삼각형은 여전히 자리에 남아 이야기를 나누고 있었다.

탈레스는 언제쯤 올까?

글쎄? 뭐, 여기 오면 재밌는 친구를 만날 수 있다고

설레발치더니 코빼기도 안 보이네.

탈레스는 워낙 바쁘잖아. 얼굴 보기 쉽지 않지.

연구소를 막 나가려다가 이 대화를 듣게 된 작직쌈은 두 직각삼각형에게

성큼성큼 다가가 말을 걸었다.

잠깐, 혹시… 탈레스를 알아?

그럼!

안녕? 나도 탈레스라는 친구를 알거든. 멋진 모자를 쓰고

다니는 친구 맞지? 이곳에 가면 내 자신을 더 잘 알게 도와줄

친구들을 사귈 수 있을 거라 했어.

탈레스가 너한테도 설레발을 쳤나 보구나? 반가워.

난 사모스섬에서 온 피타고라스라고 해.

피타고라스는 아이돌만큼 인기가 많아서 자신의 이름을 딴 팬클럽도 있어. 콩을 편식하는 것만 빼면 정말 좋은 친구인데!

유클리드가 피타고라스를 흘끔 쳐다봤다. 피타고라스 본인에게 동의를 구하는 모양이었다. 하지만 피타고라스는 콩을 떠올리기만 해도 싫은지 몸을 부르르 떨었다.

그렇구나. 하하. 나도 콩밥을 잘 안 먹어서 부모님께 많이 혼나곤 했지.

안녕. 난 유클리드야. 요즘은 만나면 MBTI를 말하는 게 유행이라며? 지난번에 탈레스에게 들었어. 그게 완벽하게 들어맞는지 아직 증명하지는 못했지만 첫 만남의 어색함을 깨는 데는 이만한 게 없더라. 내 MBTI는 INTJ야. 책을 워낙 좋아하다 보니 이렇게 두꺼운 안경을 쓰게 됐지. 참, 피타고라스의 MBTI는 ESFP래. 인기 때문에 선글라스를 쓰고 다니는데 그래도 다들 알아보더라?

유클리드도 사실 엄청난 친구야. 왕에게 수학을 가르친 실력자거든.

와, 그렇구나. 너희 둘 다 대단한데?

 고향에서 자리 잡고 살던 나에게 탈레스가 여행을 떠밀었어.

아름다운 소리를 내는 비율을 연구하는 데 한참 빠져 있었는데

흥미로운 친구가 있다면서 말이야.

 이렇게 만난 것도 인연인데 혹시 이름이 뭐야?

 아, 나는 작직쌈이라고 해.

 작직쌈? 쌈 싸먹는 걸 좋아해? 아니면 싸움을 잘해서?

유클리드는 말장난을 치는 피타고라스의 옆구리를 쿡 찔렀다.

 탈레스가 우리를 만나 보라고 했다면 우리가 만날 상대도

바로 너인가 봐. 탈레스는 너랑 우리 사이에서 어떤 특별함을

보았던 걸까?

그때 피타고라스가 유클리드와 작직쌈을 뚫어지게 쳐다보더니 급기야

뭔가를 발견한 듯 눈빛이 초롱초롱해졌다.

 유클리드, 유클리드! 내 옆에 좀 붙어 봐.

뭐야, 뭔가 발견한 거야?

작직쌤도 우리 앞에 서볼래?

나도?

좀 더 가까이.

한 걸음 더?

더 가까이!

야! 초면에 이게 무슨 실례야. 내 얼굴이 다 화끈거리네.

무슨 상상을 하는 거야! 작직쌤, 절대 오해하지 마.

작직쌤은 영문을 몰라 엉거주춤한 자세로 피타고라스와 유클리드 앞에 섰다.

우리 둘이 합치면 작직쌤과 꼭 맞게 포개져.

세상에!

진짜야? 구체적인 증명은 남에게 맡기는 편이어도

피타고라스는 남이 보지 못하는 것을 찾아내는 안목이

있거든. 작직쌤, 피타고라스의 생각이 맞는지 한번 확인해

보는 게 어때?

그래, 좋아.

작직쌈, 유클리드, 피타고라스는 서로를 포개어 봤다. 갑작스럽게 친밀해진
이 순간이 서로 부끄러운 듯 셋의 얼굴이 발그레해졌다.

 역시 내 생각이 맞았네.

 하하. 정말이군.

확인을 마친 셋은 멋쩍은 듯 후다닥 떨어졌다. 작직쌈이 다시 물었다.

 탈레스가 말한 게 이거라고?

 탈레스는 매번 방구석에서 생각으로 실험하는 걸 즐기더니
이제 딱 보면 그냥 떠오르나 봐. 우리 셋이 숨바꼭질할 때
같은 편이면 매번 이기겠는걸? 이렇게 만난 것도 인연인데
친구 할까?

그럼, 좋아!

하하. 그런데 탈레스가 생각한 게 단순히 숨바꼭질에서 이기기 위해서만은 아니었을 것 같은데… 뭔가 또 다른 의미가 있는지 찾아보자.

이럴 때 보면 너도 참 탈레스랑 비슷해. 대충 넘어가지 않고 꼭 논리적으로 정리하려는 점 말이야.

그게 피곤해 보여도 나중에는 다 도움이 된다고, 피타고라스. 그럴듯해 보인다고 그냥 지나치다가 나중에 오류가 나오면 더 큰 혼란이 생기니까 처음 확인할 때 잘 정리해 두면 좋지. 내가 괜히 이러는 게 아니라고.

나도 유클리드 말에 동의!

그래그래. 내가 졌다.

피타고라스가 결국 알았다며 두 손을 들자 유클리드가 기다렸다는 듯 말을 이었다.

일단 우리가 가리키는 대상이 헷갈리지 않게 기호로 나타내야겠어. 이렇게 하자.

유클리드가 뚝딱 직각삼각형을 그렸다. 그러더니 기호를 표시하기

시작했다.

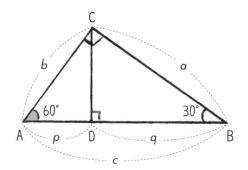

 그러니까 내가 △ACB가 되고.

 나는 △ADC가 되고.

 내가 △CDB가 되는 거야. 우리는 모두 닮음이니까

△ACB ∽ △ADC ∽ △CDB로 나타낼 수 있지.

닮음인 도형끼리는 대응하는 변의 길이의 비가 같잖아?

$\overline{AC}:\overline{AD}=\overline{AB}:\overline{AC}$, $\overline{AC}^2=\overline{AD}\times\overline{AB}$니까 $b^2=pc$

$\overline{BC}:\overline{BD}=\overline{BA}:\overline{BC}$, $\overline{BC}^2=\overline{BD}\times\overline{BA}$니까 $a^2=qc$

$p+q=c$이므로 여기에서 $a^2+b^2=pc+qc=(p+q)c=c^2$

이렇게 나오는데?

 그게 뭘 의미하는 거지?

어디 보자. 작직쌤이 가진 변의 길이 중에서 c는 가장 긴 변, a와 b는 나머지 두 변이잖아. 그럼 가장 긴 변의 길이의 제곱이 나머지 두 변의 길이의 제곱의 합과 같아진다는 말인데? 작직쌤이 새로 받은 세 변의 길이가 뭐라고 했지?

4cm, $4\sqrt{3}$cm, 8cm야.

그중에서 가장 긴 변은 8cm니까 8의 제곱은 64. 나머지 두 변의 길이의 제곱의 합은 $4^2+(4\sqrt{3})^2$으로 계산하면 되겠다.

4^2이 16인 건 알겠는데 $(4\sqrt{3})^2$은 어떻게 계산해?

$(4\sqrt{3})^2 = 4\sqrt{3} \times 4\sqrt{3} = 16 \times (\sqrt{3})^2$이야. 아까 $\sqrt{3}$은 제곱해서 3이 되는 수의 뿌리라고 했지? 3이 되니까 여기에 16을 곱하면 48이 나오지.

난 $\sqrt{3}$ 같은 건 맘에 안 들어. 계산하기 귀찮잖아.

피타고라스! 더 나은 게 있으면 당연히 받아들여야지.

그러고 보니 64＝16＋48이면 가장 긴 변의 길이를 제곱한 값이 나머지 변의 길이를 제곱하고 합한 값과 같네!

작직쌤과 유클리드가 동시에 탄성을 터뜨렸다. 피타고라스가 뿌듯한 얼굴로 어깨를 으쓱거렸다.

와, 대단한데? 너희 덕분에 내가 가진 세 변의 관계를
알게 됐어.

잠깐. 작직쌤에게만 해당하는 이야기는 아닌 것 같아.
직각삼각형은 90°를 품은 꼭짓점에서 빗변에 직각이 되게
수선을 내리면 닮음인 직각삼각형이 2개 나타날 거야.
그러면 모든 직각삼각형에서 세 변이 갖는 특징 아닐까?

유클리드, 너도 맞는지 확인해 봐.

내가 가진 세 변의 길이는 $2\sqrt{3}$ cm, 6cm, $4\sqrt{3}$ cm야.
가장 긴 변은 $4\sqrt{3}$이고 $(4\sqrt{3})^2=48$이니까 $6^2=36$,
$(2\sqrt{3})^2=12\cdots$ 결국 가장 긴 변의 길이의 제곱이 나머지 두
변의 길이의 제곱의 합과 같아!

그럼 나는 보나 마나네. 내가 가진 세 변의 길이는 2cm,
$2\sqrt{3}$ cm, 4cm야. $4^2=(2\sqrt{3})^2+2^2$. 유클리드 말이 맞았어.

소름이다!

피타고라스의 정리가 다했지. 처음 나랑 피타고라스를 맞대면
작직쌤과 포개어진다는 것도 피타고라스의 눈썰미로 알게
됐잖아. 그게 직각삼각형이 가진 세 변의 관계로 연결된다는
사실을 찾아낸 것도 그렇고.

하지만 그걸 깊이 들여다보게 된 건 결국 유클리드의 논리적인 정리 덕분이지. 닮음계에 와서 세 변의 길이를 업데이트하기도 했고.

그래, 누구 하나만 잘한 게 아니야. 함께여서 가능했어.

이건 좀 다른 이야기인데….

뭔데?

음, 샛길로 빠질까 봐 고민되네.

야! 우리가 샛길로 빠진 덕분에 여기까지 온 거잖아. 뜸들이지 말고 어서 말해 봐.

알았어. 사실 처음에 작직쌈이 가진 세 변 a, b, c를 $a^2 + b^2 = c^2$으로 정리했을 때 정사각형이 갑자기 떠올랐어. 난 늘 식을 도형으로 바꿔 보는 버릇이 있거든. a^2은 한 변의 길이가 a인 정사각형의 넓이, b^2은 한 변의 길이가 b인 정사각형의 넓이, c^2은 한 변의 길이가 c인 정사각형의 넓이가 떠올랐지 뭐야.

그 짧은 순간에 그런 생각을 했다고?

늘 기하학을 이용해서 식을 다루다 보니 그래.
아무튼 내 머릿속에 떠오른 걸 그리면… 이것 좀 봐.

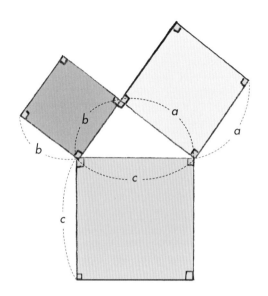

 로봇 같은데?

 오? 그럴듯해.

 두 정사각형의 넓이를 더한 값이 나머지 정사각형의 넓이와 같아지는지 궁금하지 않아? 이 방법으로 또 새로운 관계를 찾아볼 수도 있을 것 같아.

 네 연구를 응원해, 유클리드. 결론이 나면 알려 줘.

 하하. 탈레스 말대로 너희를 만나서 나를 좀 더 알아 가고 있어. 직쌤한테도 얼른 알려 주고 싶다.

 직쌤이 누구야?

작직쌈은 유클리드와 피타고라스에게 삼각형 측정 센터에서 직쌈과 만나 친구가 된 이야기를 들려줬다. 유클리드와 피타고라스는 마치 자기가 친구와 갑작스레 헤어진 것처럼 안타까워했다.

그렇게 보고 싶어 하는데 꼭 만날 수 있을 거야.

그럼 직쌈도 우리와 친구인 거지? 어떤 친구일지 궁금하네. 나도 한번 만나 보고 싶다.

직쌈을 만나게 되면 너희한테 꼭 소개해 줄게.

하하. 약속했다? 벌써 친해진 기분이야. 그런데 그건 그거고 우리 이제 장소를 좀 옮겨 볼까?

작직쌈, 우리가 묵고 있는 숙소로 갈래?

나야 좋지. 좀 쉬어야겠다.

잘됐다! 난 숙소에서 아까 떠오른 생각을 좀 더 연구해 볼까 봐. 안 그래도 왕을 가르칠 때 쓸 책이 마땅치 않았거든. 이번에 알아낸 것까지 모두 정리해서 책을 써야겠어. 책의 이름은 '원론'이라 해야지!

나도 여기 오느라 잠깐 멈췄던 아름다운 소리를 내는 비율에 다시 집중해야겠어.

숙소에 도착한 유클리드와 피타고라스는 말했던 대로 각자 연구에
몰두했다. 작직쌈은 숙소 옥상으로 올라가 밤하늘을 바라봤다.

 직쌈도 어딘가에서 나처럼 별을 바라보고 있겠지?

한참 별을 구경하던 작직쌈은 저 멀리 밤안개를 헤치며 다가오는 조각배를
발견했다.

 저건… 직쌈 아닌가? 유클리드, 피타고라스! 이리로 와봐!

각자의 시간을 보내던 유클리드와 피타고라스는 재빨리 작직쌈이 있는 곳으로 다가왔다. 밤안개가 걷히며 조각배의 모습이 점점 드러났다. 셋은 재빨리 숙소 밖으로 나와 조각배가 뭍에 도착하길 기다렸다.

 너는 작직쌈?

 설마 직쌈? 이렇게 다시 만나는구나! 금방 다시 보게 될 줄 알았다니까!

 그동안 어떻게 지낸 거야?

 그때 1번 방에서 정보를 입력하자마자 나와 합동인 삼각형이 모여 있는 합동계로 떨어졌어.

 역시 그랬구나!

 뭐야, 너도? 아무튼 거기서 닮음계로 오는 열쇠를 샀어. 이곳에서 탈레스에게 네 소식을 들었을 때는 얼마나 반가웠는지 모른다고! 지금은 탈레스 친구들과 함께 다니고 있지.

 그새 친구들이 생겼어?

 참! 인사해. 여긴 내 친구들이야.

 아무도 안 보이는데? 누가 있다는 거야?

 얘들아, 숨지 말고 어서 나와!

피타고라스와 유클리드가 작직쌈 뒤에 숨어 있다가 불쑥 튀어나왔다.

놀란 직쌈을 본 피타고라스와 유클리드가 장난스러운 미소를 지었다.

 짜잔! 안녕?

 만나서 반가워!

 왼쪽은 피타고라스, 오른쪽은 유클리드야.

 하하! 작직쌈 뒤에 숨어 있었구나? 정말 감쪽같았어.

 그치? 유클리드와 피타고라스가 내 뒤에 나란히 서면 완전히

포개어져서 안 보이거든.

 신기하네. 그게 어떻게 가능해?

 먼저 인사부터 나누고 차차 설명해 줄게!

 맞다, 반가워! 피타고라스와 유클리드라니 멋진 이름이다.

내 이름은 마테마야. 편하게 직쌈이라고 부르면 돼.

 이야기 많이 들었어. 작직쌈이 너랑 인사도 못하고 헤어졌다고

아쉬워했거든. 누군지 정말 궁금했는데 이렇게 만나네.

 근데 작직쌈 친구라서 그런가? 처음 봤는데도 전혀

어색하지가 않아. 이건 마치… 거울을 보는 느낌이라고

해야 하나?

하하하. 나도 그래.

 닮음계에는 방금 도착한 거야?

 응. 여기저기 두리번거리고만 있었어. 조금 무서웠는데

너희를 만나니까 걱정이 눈 녹듯 사라진다!

 여기 먼저 도착한 우리가 선배인 건가? 그럼 선배로서

신문물을 보여 주지.

 신문물?

 이곳에 맞는 옷으로 갈아입혀 줄게.

작직쌈이 팔짱을 끼며 자신만만한 얼굴로 말했다. 직쌈은 어리둥절한

목소리로 작직쌈에게 물었다.

 이곳에 맞는 옷이 따로 있어?

 하하. 직쌈아, 우리가 어디서 처음 만났지?

 삼각형 측정 센터!

 맞아, 신체검사를 하는 곳이었지.데굴데굴 굴러야 해서

온몸이 쑤시던 것 기억나? 측정 결과는 어떻고? 소수점

아래로 길게 이어져서 결국 대충 잘라서 외웠잖아.

당연하지! 얼마나 불편했다고.

 하지만 이곳에는 최첨단 측정기가 있어서 그럴 필요가 없어.

 진짜?

 정말이야. 심지어 새로운 기호가 나오기도 해. 피타고라스는

새로운 게 불편하다고 하는데 긴 소수점 아래를 기억하는

것보다는 훨씬 간단하지.

 내 말이!

 그래? 작직쌈, 네가 그렇다면 나도 알고 싶어.

 놀라운 건 이 모든 게 무료라는 거야.

 무료라니 더 좋은데?

작직쌈은 피타고라스, 유클리드와 함께 직쌈을 히파수스 연구소로

데려갔다. 소문자 r처럼 생긴 히파수스 연구소를 보고 눈이 커진 직쌈의

반응에 작직쌈이 만족스러워하며 말했다.

 바로 여기야. 자, 업데이트부터 하자. 직쌈!

직쌈은 곧바로 등 떠밀리듯 새로운 측정기 위에 올라갔다.

지난번에 측정할 때는 한 바퀴 굴러야 했는데 지금은 기계가

알아서 해주니 너무 편하다.

 직접 해보니 놀랍지? 자, 이게 너의 새로운 측정값이야.

 이렇게 빨리 나온다고?

 어때? 깔끔하지?

 응! 잠깐만, $8\sqrt{3}$? 이건 어떻게 읽어?

 '팔 루트 삼'이라고 읽어.

 팔 루트 삼?

 8의 $\sqrt{3}$배라고 보면 돼.

 8에 $\sqrt{3}$을 곱한 값이구나. 내 기록이 원래 8cm, 13.8564cm,

16cm였으니까 13.8564가 $8\sqrt{3}$이 된 거네. 응? 잠깐만.

근데 $8\sqrt{3}$은 얼마지?

$8\sqrt{3} = 13.85640646055101834821957073204697893554$

$244203048304502444645583 5\cdots$

 어휴, 숨 넘어가겠다.

작직쌈이 숨을 몰아쉬자 직쌈이 등을 두드려 줬다. 유클리드와

피타고라스는 작직쌈의 열정에 엄지손가락을 척 치켜세웠다.

 $\sqrt{3}$을 소수로 표현하면 무한하거든. 먼저 거쳐 온 삼각형

측정 센터에서는 나머지가 작은 값이라 자른 거래.

 그렇구나. 넌 어떻게 나왔어?

 4cm, $4\sqrt{3}$cm, 8cm. 원래는 4cm, 6.9282cm, 8cm였어.

 피타고라스, 너는?

 난 2cm, $2\sqrt{3}$cm, 4cm. 원래는 2cm, 3.4641cm, 4cm였고.

 유클리드는?

 난 $2\sqrt{3}$cm, 6cm, $4\sqrt{3}$cm.

 난 변화를 별로 좋아하지 않아서 그런지 처음에 받았던 측정

결과가 더 좋아.

 피타고라스 고집은 못 말려. 인정할 건 인정해야지.

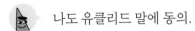 나도 유클리드 말에 동의.

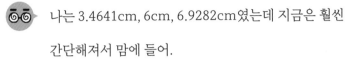 나는 3.4641cm, 6cm, 6.9282cm였는데 지금은 훨씬

간단해져서 맘에 들어.

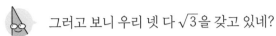 그러고 보니 우리 넷 다 $\sqrt{3}$을 갖고 있네?

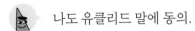 맞아, 그뿐이 아니야. 우리가 아까 직각삼각형이 가진 세 변의

길이에서 찾아낸 비밀을 알려 줄까?

작직쌈과 피타고라스, 유클리드가 서로 눈빛을 교환하며 씩 웃었다. 직쌈은

이번에도 정말 모르겠다는 듯 작직쌈에게 물었다.

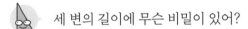 세 변의 길이에 무슨 비밀이 있어?

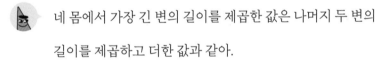 네 몸에서 가장 긴 변의 길이를 제곱한 값은 나머지 두 변의

길이를 제곱하고 더한 값과 같아.

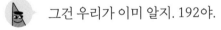 정말이야? 잠깐만. $16^2 = 256$이고, $8^2 = 64$인데 $(8\sqrt{3})^2$은

어떻게 계산하지?

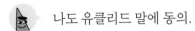 그건 우리가 이미 알지. 192야.

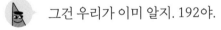 192와 64를 더하면 256이잖아. 진짜네?

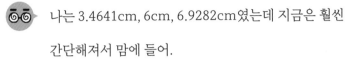 우리 직각삼각형들만 가진 특징이지.

우와! 나에게 이런 비밀이 있었다니 지금까지 전혀 몰랐어.

너희 정말 대단하다! 그럼 우리는 서로 닮음비가 어떻게

되는 거야?

 크기로는 직쌈, 네가 제일 크지.

 나와 작직쌈은 대응하는 길이의 비가 2 : 1이고?

 그래그래, 네가 짱이야.

 응? 그런 뜻이 아니었어!

 괜찮아, 직쌈. 우리에겐 솔직해져도 돼.

작직쌈의 말에 직쌈은 절대 아니라는 듯 발을 동동 구르며 말했다.

어쩔 줄 몰라 하는 직쌈의 모습에 작직쌈과 피타고라스, 유클리드는 웃음을

터뜨렸다. 직쌈도 장난이었다는 것을 알았는지 결국 셋을 따라 웃음보가

터지고 말았다.

 겸손하긴. 나와 피타고라스도 2 : 1이야.

 그럼 직쌈은 나의 4배가 되는군. 직쌈 형!

 피타고라스 동생, 나한테도 형이라 불러야지!

 나도, 나도!

떠들썩한 셋 가운데에서 직쌈이 겨우 정신을 차리고 말했다.

 자자, 진정하고. 나한테 좋은 생각이 하나 있어.

우리 실제로 한번 서보면 어때?

 흠, 그럼 제일 작은 피타고라스부터 서볼까?

 어느 각을 기준으로 설까?

 30°를 기준각으로 하자. 내가 기준이야. 자, 기준!

기준을 외치는 피타고라스 뒤로 유클리드, 작직쌈, 직쌈이 순서대로

차곡차곡 포개어졌다. 기준각을 30°로 하니 작직쌈과 유클리드,

피타고라스가 아까와는 또 다르게 포개어졌다. 직쌈이 놀라워하며 말했다.

 와, 너희들을 이렇게 품으니 또 새로워. 우리가 기준각으로

깔고 앉은 변을 **밑변**, 기준각이 바라보는 변을 **높이**, 비스듬히

기울어진 변은 **빗변**이라 하면 되겠어.

유클리드가 직쌈의 말을 듣고 넷이 각각 대응하는 변의 길이의 비를 표에

정리하기 시작했다.

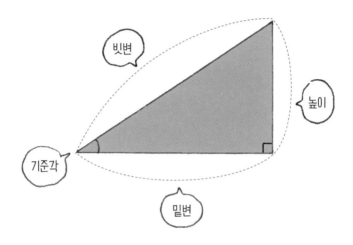

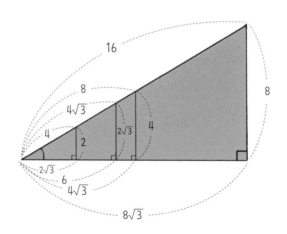

우리는 모두 닮음이니까 대응하는 길이의 비가 같잖아.

그러니 $\dfrac{높이}{빗변}$ 의 비도 모두 같아.

피타고라스	유클리드	작직쌈	직쌈
$\dfrac{2}{4} = \dfrac{1}{2}$	$\dfrac{2\sqrt{3}}{4\sqrt{3}} = \dfrac{1}{2}$	$\dfrac{4}{8} = \dfrac{1}{2}$	$\dfrac{8}{16} = \dfrac{1}{2}$

 $\dfrac{밑변}{빗변}$ 의 비도 모두 같고.

피타고라스	유클리드	작직쌈	직쌈
$\dfrac{2\sqrt{3}}{4} = \dfrac{\sqrt{3}}{2}$	$\dfrac{6}{4\sqrt{3}} = \dfrac{\sqrt{3}}{2}$	$\dfrac{4\sqrt{3}}{8} = \dfrac{\sqrt{3}}{2}$	$\dfrac{8\sqrt{3}}{16} = \dfrac{\sqrt{3}}{2}$

$\dfrac{높이}{밑변}$ 의 비도 모두 같지.

피타고라스	유클리드	작직쌈	직쌈
$\dfrac{2}{2\sqrt{3}} = \dfrac{\sqrt{3}}{3}$	$\dfrac{2\sqrt{3}}{6} = \dfrac{\sqrt{3}}{3}$	$\dfrac{4}{4\sqrt{3}} = \dfrac{\sqrt{3}}{3}$	$\dfrac{8}{8\sqrt{3}} = \dfrac{\sqrt{3}}{3}$

그럼 우리는 기준각이 30°일 때 $\frac{높이}{빗변}=\frac{1}{2}$, $\frac{밑변}{빗변}=\frac{\sqrt{3}}{2}$,

$\frac{높이}{밑변}=\frac{\sqrt{3}}{3}$으로 전부 같아!

 기준각이 60°일 때는 $\frac{높이}{빗변}=\frac{\sqrt{3}}{2}$, $\frac{밑변}{빗변}=\frac{1}{2}$, $\frac{높이}{밑변}=\sqrt{3}$이 되고!

 기준각이 정해지면 닮음인 직각삼각형들은 크기에

상관없이 $\frac{높이}{빗변}$, $\frac{밑변}{빗변}$, $\frac{높이}{밑변}$가 모두 같다는 말이군.

직쌤과 작직쌤, 피타고라스가 유클리드의 말에 고개를 끄덕였다.

 와! 알면 알수록 우리는 인연이 참 깊은 것 같아.

 그러고 보니 우리는 세 변의 길이의 비도 같잖아.

변이나 각이 마주 보는 변을 **대변**이라고 하거든?

내 경우에 30°의 대변의 길이 : 60°의 대변의 길이 :

90°의 대변의 길이는 $4 : 4\sqrt{3} : 8 = 1 : \sqrt{3} : 2$야.

 난 $8 : 8\sqrt{3} : 16 = 1 : \sqrt{3} : 2$

 난 $2 : 2\sqrt{3} : 4 = 1 : \sqrt{3} : 2$

 나도 $2\sqrt{3} : 6 : 4\sqrt{3} = 1 : \sqrt{3} : 2$

 30°의 대변의 길이 : 60°의 대변의 길이 : 90°의 대변의 길이인

$1 : \sqrt{3} : 2$를 우리의 네 번째 공통점으로 추가해야겠다!

세 각이 30°, 60°, 90°인 직각삼각형의 공통점

1. 세 변의 길이의 관계(피타고라스의 정리)

   가장 긴 변의 길이의 제곱 = 나머지 두 변의 길이의 제곱의 합

2. 기준각이 30°일 때

   $\dfrac{높이}{빗변} = \dfrac{1}{2}$, $\dfrac{밑변}{빗변} = \dfrac{\sqrt{3}}{2}$, $\dfrac{높이}{밑변} = \dfrac{\sqrt{3}}{3}$

3. 기준각이 60°일 때

   $\dfrac{높이}{빗변} = \dfrac{\sqrt{3}}{2}$, $\dfrac{밑변}{빗변} = \dfrac{1}{2}$, $\dfrac{높이}{밑변} = \sqrt{3}$

4. 30°의 대변의 길이 : 60°의 대변의 길이 : 90°의 대변의 길이

   $1 : \sqrt{3} : 2$

 삼각형 측정 센터에서 작직쌤과 내가 금방 친해진 이유가 있었네.

 맞아. 닮음계에서 만난 피타고라스와 유클리드는 물론이고!

너희 덕분에 알게 된 사실이 참 많아. 정삼각형 사이에서 늘 움츠려 있던 내가 직각삼각형만 지닌 가치를 깨달았어. 나한테는 너희를 만난 게 행운이야.

 직쌤, 너….

유클리드가 직쌈의 말에 감동한 듯 눈가가 촉촉했다.

 워워, 이제 진지한 얘기는 그만하고 좀 놀자.

 그래그래, 닮음계 광장에서 다른 친구들을 만나서 신나게

놀아 보자고!

 닮음계 광장?

 응. 닮음계 광장은 자신의 끼를 맘껏 뽐낼 수 있는 곳이야.

노래하는 친구, 그림을 그리는 친구, 춤추는 친구, 목청껏

연설을 하는 친구 등 다양한 직각삼각형이 모여 있지.

눈치 볼 것 없이 자신의 에너지를 분출할 수 있어.

 어서 가자!

직쌈과 작직쌈은 피타고라스와 유클리드를 따라 닮음계 광장으로 향했다.

유클리드의 말대로 닮음계 광장에는 다양한 직각삼각형이 모여 있었다.

넷은 그들을 따라 노래를 부르다가 춤을 추고, 마이크를 들고 열변을 토하는

직각삼각형의 말을 집중해서 듣다가 서로 토론을 하며 즐거운 시간을

보냈다. 유클리드는 그런 와중에도 가끔 흙바닥에 그림을 그리며 생각에

잠겼다. 작직쌈이 그런 유클리드를 보고 다가왔다.

여기서도 틈틈이 연구를 하는 거야?

응. 아까 내가 생각하던 걸 그림으로 한번 표현해 봤어.

뭔데? 나도 알려 줘!

아까 유클리드가 직각삼각형이 가진 세 변의 길이로 아주

독특한 생각을 떠올렸거든.

어떤 생각?

먼저 이 그림을 볼래? 두 정사각형의 넓이를 합한 값이

나머지 정사각형의 넓이와 같다고 한다면 두 정사각형을

이루는 퍼즐로 나머지 정사각형을 채울 수 있지 않을까?

좋아. 내가 또 한 퍼즐 하거든. 같이 한번 해보자!

피타고라스는 여전히 멀리서 음악에 취해 춤을 추고 있었다. 직쌈과 작직쌈, 유클리드는 머리를 맞대고 퍼즐을 풀기 시작했다. 퍼즐을 끼워 맞추는 게 생각보다 쉽지 않았지만 셋은 포기하지 않았다.

 이걸 이리 옮기고.

 저걸 이리 옮겨서….

 앗, 모자란데? 다시 지웠다가 해보자.

 이걸 저리 옮기고.

 저걸 저리 옮기면!

 오, 이번엔 느낌이 좋아.

 짠! 드디어 해냈다!

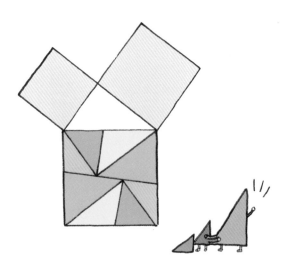

역시 내 생각이 맞았어.

 축하해, 유클리드!

 지금 이 순간이 지나가기 전에 어서 제대로 된 증명을

해봐야겠어.

 그러면 우리 이제 숙소로 돌아가자.

 좋아! 내가 피타고라스를 불러올게.

숙소에 도착한 유클리드와 피타고라스는 각자 방으로 가고, 직쌤과

작직쌤은 밤늦도록 그동안 서로에게 있었던 일을 이야기 나누기 시작했다.

5

삼각비, 직각삼각형의 비밀

제가
누구냐면요…

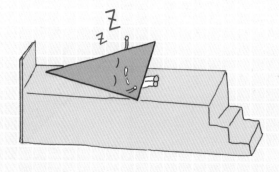

작직쌈아, 오늘 정말 즐거웠어.

 나도.

 유클리드와 피타고라스는 정말 멋진 친구들이야.

 맞아. 각자 개성도 다르고.

 유클리드는 결국 자신의 생각을 증명해 내겠지?

 그럴 거야. 그나저나 탈레스는 어떻게 만난 거야?

작직쌈의 물음에 직쌈은 기억을 더듬거리며 입을 열었다. 돌이켜 보니 그동안 참 많은 일이 있었다. 직쌈은 문득 여행을 떠나기 전에 정삼각형 어르신이 해주었던 말이 떠올랐다.

 합동계에 도착했을 때 제일 먼저 만난 친구! 나에게 합동 배지를 달아 주고, 합동계 인사도 가르쳐 주고, 합동으로 거리를 측정하는 방법도 알려 줬어. 그리고 무엇보다 이 닮음계로 오는 열쇠를 줬지.

그렇구나. 닮음계에 와서는 아직 못 만났지?

 응. 합동계에서도 늘 바빴어. 끊임없이 측정하고 연구하고 증명하고. 닮음계에 와서도 마찬가지일 거야. 그러고 보면 유클리드랑 탈레스는 성격이 비슷해.

 그에 비하면 피타고라스는 좀 설렁설렁하고 변화를 싫어하는 편인데 남들은 보지 못하는 걸 꿰뚫어 보는 능력이 있어.

 다들 장점이 빛나는 친구들이야. 오늘은 별이 잘 보이네. 닮음계에는 30°, 60°, 90°를 품은 직각삼각형만 모여 있잖아. 저 별들 중에 우리와 각이 다른 합동계, 닮음계가 또 있겠지? 그럼 어떤 닮음계는 각이 45°, 45°, 90°인 직각삼각형만 있고 그들도 기준각이 정해지면 $\frac{높이}{빗변}$, $\frac{밑변}{빗변}$, $\frac{높이}{밑변}$가 모두 같겠다. 닮음계를 전부 돌면서 기준각을 0°부터 90°까지로 둘 때 $\frac{높이}{빗변}$, $\frac{밑변}{빗변}$, $\frac{높이}{밑변}$의 값은 어떻게 될까?

 닮음계를 다 돌리려면 시간이 엄청 걸리겠는걸?

 혹시 탈레스는 그 답을 알고 있으려나?

 계속 생각하다가 꿈에 나올라. 피곤할 텐데 일단 푹 쉬자.

직쌈은 많이 피곤했는지 직쌈의 말이 끝나기 무섭게 곯아떨어졌다.

직각삼각형의 비밀

여긴 당신의 꿈속이죠. 우리 꿈속에서는 뭐든 가능하니까요.

만나서 반가워요!

 앗! 깜짝이야! 누구시죠?

 전 히파르코스라고 해요. 당신이 궁금해한 일을 먼저 했던

삼각형이라고나 할까요?

 제가 궁금했던 거라면….

 잠들기 전 친구에게 했던 말 기억해요? 기준각을

달리할 때마다 $\frac{\text{높이}}{\text{빗변}}$, $\frac{\text{밑변}}{\text{빗변}}$, $\frac{\text{높이}}{\text{밑변}}$ 의 값이 어떻게 되는지

궁금해했잖아요? 저도 같은 고민을 했거든요. 그러다

알아냈죠. 물론 프톨레마이오스라는 친구의 도움이

컸지만요.

 저는 직각삼각형 하나도 계산하기 어렵던데… 어떻게

기준각을 달리하면서 $\frac{\text{높이}}{\text{빗변}}$, $\frac{\text{밑변}}{\text{빗변}}$, $\frac{\text{높이}}{\text{밑변}}$ 의 값을 구한 거죠?

 저도 처음엔 각을 달리하면서 모든 변의 길이를 일일이

측정하고 또 다시 비를 구하느라 고생이 이만저만

아니었어요. 말도 마세요. 비를 계산하기가 너무 복잡한

거예요. 좀 더 쉬운 방법이 없을까 고민하다가 분모가 1이

되면 계산하기 편하겠다는 생각이 들었죠.

잠깐만요. 분모가 1인 분수요? 그럼 분모를 신경 쓰지 않아도 되니까 계산하는 데 시간이 훨씬 줄겠네요!

 그렇죠. 그래서 빗변의 길이가 1인 직각삼각형을 이용해서 비를 계산하기 시작했어요.

 빗변의 길이가 1인 직각삼각형을 그리는 것도 쉬울 것 같지는 않은데요. 또 기준각이 달라지면 매번 다시 그려야 하잖아요.

 그게 아주 간단한 방법이 있죠. 이걸 보세요.

 원의 반지름이 1이네요?

 이렇게 반지름이 1인 원을 **단위원**이라고 하죠. 이것만 있으면 직각삼각형을 쉽게 그릴 수 있어요.

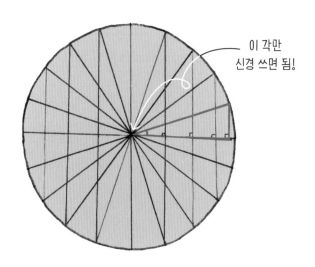

이 각만 신경 쓰면 됨!

드디어 측정과 계산의 지옥에서 빠져나온 건가요?

 맞아요. 기준각에 맞춰서 그때그때 선을 곧게 내리기만 하면

되거든요. 음, 아무 각이나 한번 불러 볼래요?

 50°요!

 자, 아래 그림을 봐요. 어때요?

 와, 어떻게 한 거예요?

 기준각이 50°일 때 $\frac{높이}{빗변}$, $\frac{밑변}{빗변}$, $\frac{높이}{밑변}$ 를 구한다고 해볼까요?

이해하기 편하게 기호를 쓸게요. 직각삼각형 AOB에서

$\overline{OA}=1$이니까 $\frac{높이}{빗변}$는 $\overline{AB}$가 되고, $\frac{밑변}{빗변}$은 $\overline{OB}$가 되죠.

직각삼각형 POQ를 보면 결국 $\frac{높이}{밑변}$는 $\overline{PQ}$가 되고요.

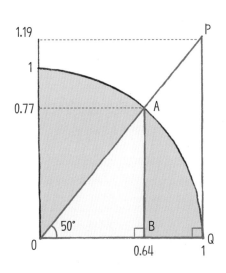

와우! 그렇네요. $\frac{높이}{빗변}$, $\frac{밑변}{빗변}$, $\frac{높이}{밑변}$ 의 값이 반지름이 1인 원과 연결되니 계산이 훨씬 쉬워요. 완전 꿀팁인데요?

 그쵸?

 그런데 어디에 쓰려고 이런 연구를 한 거죠? 좀 더 쉬운 측정법을 알아낸다고 해서 돈이 들어오는 것도 아니고 누가 알아주는 것도 아니잖아요.

 남이 시켜서 했다면 아마 못 했을 거예요. 순수하게 제가 궁금해서였어요.

 궁금해서라고요? 뭐가 그렇게 궁금하면 이렇게 하나만 계속 파고들 수 있죠?

 전 별에 관심이 많았거든요. 별의 궤도를 연구하려면 내가 별을 바라보는 지점을 원의 중심이라 생각하고, 그 위치에서 별을 바라보는 각과 별의 이동 거리 사이에 어떤 관계가 있는지 알아야 했어요. 말로만 설명하기 어려우니 그림을 같이 보며 이야기할까요?

 좋아요!

히파르코스가 손을 휘젓자 허공에 동그란 원 2개가 떠올랐다.

먼저 별이 있던 시작점과 도착점을 이어서 선분을 그려요.

그리고 내 위치에서 그 선분에 수선을 그으면 그림처럼

수직으로 이등분되거든요. 직각삼각형이 2개 보이죠?

 네!

 그 직각삼각형과 닮음인 도형이 가진 길이의 비를 알 수

있다면 답을 얻을 수 있을 거란 생각에 직각삼각형 세 변의

길이의 비를 탐구하기 시작했어요.

 그래서 별의 움직임에 가까워졌나요?

그럼요. 제가 알고 싶었던 만큼은요. 닮음 하나로 거대한 별의

움직임을 이해할 수 있었죠.

엄청난데요?

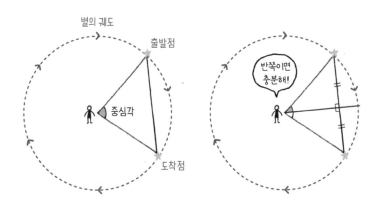

직쌤의 감탄에 히파르코스가 씩 웃으며 말했다.

 음. 아주 간단한 예로 지금 당신이 있는 닮음계와 또 다른

닮음계가 그림처럼 떨어져 있다고 해보죠. 두 별 사이의

거리인 $\overline{AB}$를 어떻게 구할 수 있을까요?

 글쎄요….

 $\angle A$를 측정할 수 있다면 직각삼각형 CAB에서 $\dfrac{\overline{CA}}{\overline{AB}}$ 의 값을

알 수 있죠?

 그럼요. 단위원에서 $\angle A$가 같은 직각삼각형을 그려서 비를

구할 수 있으니까요.

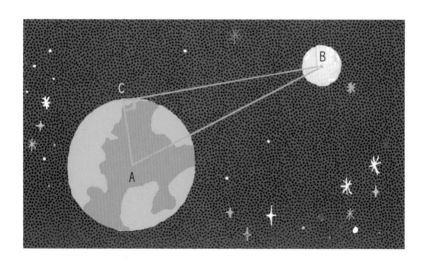

우리가 속한 닮음계의 반지름 $\overline{CA}$만 알 수 있다면

간단한 비례식으로 $\overline{AB}$의 값을 구할 수 있게 되는 거예요.

이런 원리로 닮음계 별들 사이의 대략적인 거리를 구할 수

있어요. 간단하죠?

합동계에서 강폭을 측정하는 것도 놀라웠는데 닮음계에서는

별 사이의 거리도 알 수 있군요! 이 이야기를 빨리

친구들에게도 해주고 싶어요.

마지막으로 하나 더 알려 줄 게 있어요, 직쌤.

직각삼각형의 길이의 비를 정리하면서 매번 기준각이

얼마일 때 $\frac{높이}{빗변}$, $\frac{밑변}{빗변}$, $\frac{높이}{밑변}$의 값이라고 부르기 번거로워

용어를 만들었어요.

오! 그래요? 알려 주세요.

기준각이 A일 때 $\frac{높이}{빗변}$는 sin A라고 쓰고 '사인 에이'라고

읽어요. $\frac{밑변}{빗변}$은 cos A로 쓰고 '코사인 에이'라고 읽고요.

$\frac{높이}{밑변}$는 tan A라고 쓰고 '탄젠트 에이'라고 읽어요.

그리고 직각삼각형에서 나타나는 이 세 가지의 비를

삼각비라고 부르기로 했어요.

오! 용어기 있으니 훨씬 좋네요.

직각삼각형의 삼각비

∠C = 90°인 직각삼각형 ABC에서 각각 ∠A, ∠B, ∠C의 대변의 길이를 a, b, c라고 할 때 직각삼각형의 크기와 상관없이 세 변의 길이의 비는 다음과 같다.

1. $\sin A = \dfrac{\overline{BC}}{\overline{AB}} = \dfrac{a}{c}$

2. $\cos A = \dfrac{\overline{AC}}{\overline{AB}} = \dfrac{b}{c}$

3. $\tan A = \dfrac{\overline{BC}}{\overline{AC}} = \dfrac{a}{b}$

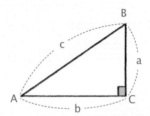

 진리를 발견하는 과정은 당신이 저를 만날 때처럼 안갯 속을 걸어 들어가는 것과 같아요. 멀리서는 아무것도 보이지 않지만 천천히 걸어 들어가다 보면 주변이 조금씩 보이죠. 그러니 조급해하지 않아도 돼요.

 저는 사실 제 생김새에 대한 열등감이 엄청 많았어요.

직쌤이 숨을 고르며 말을 이었다.

그런데 좋은 친구들을 만나 합동계와 닮음계를 돌아다니며

스스로를 더 잘 알게 되면서 제 생김새에 대한 열등감이

완전히 사라졌어요. 더구나 닮음계에 와서 제 안에 숨어

있던 삼각비라는 비밀이 작게는 우리 생활 곳곳의 거리를

측정하는 것부터 크게는 우주를 관찰하는 데도 쓰인다고

하니 가슴이 벅차올라요! 제가 가진 잠재력이 얼마나

무궁무진한지 이제 알겠어요.

 그렇게 말해 주니 기쁘네요. 우리가 잘 모를 뿐이지 사실은

모두 엄청난 가능성을 가지고 있다는 걸 알았으면 좋겠어요.

나도 이 사실을 뒤늦게 깨달았지만요.

 그런데 한 가지 궁금한 게 있어요. 90°가 넘는 삼각비의 값은

어떻게 구하죠?

 그건….

 어, 잠시만요! 답을 주고 가세요!

직쌈은 눈앞이 흔들리며 히파르코스와 점점 멀어졌다. 이윽고 누군가 뺨을

찰싹찰싹 때리는 감촉이 느껴졌다. 작직쌈이 계속 잠꼬대를 하는 직쌈을

깨우고 있었다.

직쌤, 일어나. 뭔 잠을 이리 오래 자? 그리고 뭐가 그렇게 감사하니? 자면서 자꾸 감사 인사를 하더라.

아! 진짜 꿈이었다니.

지금 그럴 때가 아니야. 얼른 나가 봐야 돼. 유클리드가 아까부터 와서 기다리고 있어. 보여 줄 게 있대.

야, 유클리드! 넌 잠도 안 자니?

미안해, 얘들아. 빨리 보여 주고 싶은 마음에 그만 잠을 깨웠네.

아냐, 괜찮아. 너희도 그렇지?

그럼.

어? 흠, 나도 뭐 사실 상관없어.

이해해 줘서 고마워. 직각삼각형 세 변의 길이의 비를 정사각형의 넓이로 증명했거든! 볼래?

와, 여기에 합동이 또 쓰여.

세 변의 관계를 기하학으로 확장하면 새로운 도형의 넓이의 관계도 알 수 있어. 직각삼각형의 세 변을 한 변으로 하는 도형이 그려졌을 때 직각삼각형의 빗변 위에 만들어진 도형은 다른 두 도형의 합과 같지.

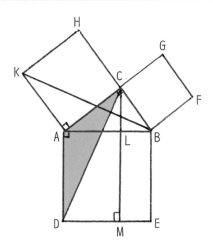

① 그림과 같이 직각삼각형 ABC의 바깥쪽에 3개의 정사각형 ADEB, KACH, CBFG를 만든다.

② 그다음 점 C로부터 $\overline{AB}$에 직각이 되게 그은 선분이 $\overline{DE}$와 만나는 점을 M이라 하고, 점 C와 D, 점 B와 K를 잇는다.

③ 이때 △KAB와 △CAD에서 $\overline{KA} = \overline{CA}$, $\overline{AB} = \overline{AD}$, ∠KAB = ∠CAD이므로 △KAB와 △CAD는 합동이다.

④ 한편 밑변의 길이와 높이가 같으면 넓이가 같으므로
  □KACH = 2△KAC = 2△KAB, □ADML = 2△LAD = 2△CAD가 되며,
  정리하면 $\overline{AC}^2$ = □KACH = □ADML이다.

⑤ 같은 방법으로 $\overline{BC}^2$ = □CBFG = □LMEB이다.

⑥ 이제 위 두 식의 양변을 변끼리 더하여 다음을 얻는다.
  $\overline{AC}^2 + \overline{BC}^2$ = □ADML + □LMEB = □ADEB = $\overline{AB}^2$

보여 줘!

 자, 오른쪽 그림을 봐.

 어? 직각삼각형의 한 변마다 정육각형이 그려져 있네?

정육각형 안에 정사각형이 그려진 그림도 있고! 유클리드가

전에 보여 줬던 그림들과 뭔가 비슷한 것 같기도 하고, 다른

것 같기도 하고….

 그러게. 난 봐도 모르겠다.

 일단 유클리드 말을 들어 보자.

 고마워, 직쌤! 오른쪽 그림에서 보이듯이 직각삼각형의 세

변을 한 변으로 하는 정육각형 3개와 정사각형 3개는 각각

닮음이야. 정사각형 BTJC의 넓이는 정사각형 PBAQ의

넓이와 정사각형 RACS의 넓이를 합한 값과 같겠지?

그렇다면 각 정육각형의 넓이에서 정사각형의 넓이를

뺀 나머지 부분도 마찬가지일 거야. 따라서 정육각형

BLMNOC의 넓이는 결국 정육각형 AGFEDB의 넓이와

정육각형 CHIJKA의 넓이를 합한 값이 돼.

유클리드의 설명을 듣고 나자 모두 입이 떡 벌어졌다.

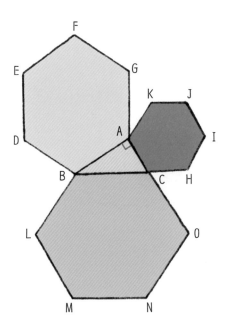

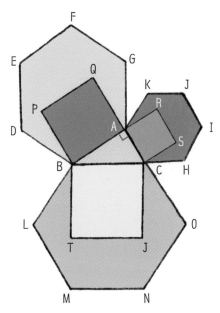

멋지다는 말밖에 안 나온다.

 또 직각삼각형의 세 변을 지름으로 하는 반원도 모두

닮음이잖아? 그러니 빗변을 지름으로 하는 반원의 넓이와

나머지 두 변을 지름으로 하는 반원의 넓이의 합은 같아.

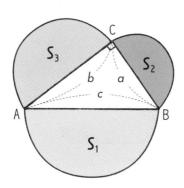

① △ABC의 세 변 $\overline{BC}$, $\overline{AC}$, $\overline{AB}$의 길이를 각각 a, b, c라고 하면

$$S_1 = \frac{1}{2} \times \pi \times \left(\frac{c}{2}\right)^2 = \frac{\pi}{8}c^2$$

$$S_2 = \frac{1}{2} \times \pi \times \left(\frac{a}{2}\right)^2 = \frac{\pi}{8}a^2$$

$$S_3 = \frac{1}{2} \times \pi \times \left(\frac{b}{2}\right)^2 = \frac{\pi}{8}b^2$$

② △ABC에서 $a^2 + b^2 = c^2$이므로

$$S_2 + S_3 = \frac{\pi}{8}a^2 + \frac{\pi}{8}b^2 = \frac{\pi}{8}(a^2 + b^2) = \frac{\pi}{8}c^2 = S_1$$이 된다.

③ 따라서 $S_2 + S_3 = S_1$이다.

와, 유클리드. 대단한 건 알았지만 지금은 더 대단해!

 재미있는 걸 하나 알려 줄까? 직각삼각형의 세 변을 지름으로

하는 반원을 그리면 초승달 모양의 부분이 2개(①, ②)

나오거든? 이때 $\overline{AC}$를 지름으로 하는 큰 반원의 넓이,

$\overline{BC}$를 지름으로 하는 작은 반원의 넓이, 그리고 직각삼각형

ABC의 넓이를 더한 값은?

 못 참겠으니까 빨리 말해 줘.

 그래그래.

 아래 그림을 보면 쉬워. 바로 $\overline{AB}$를 지름으로 하는 반원의

넓이(③)에 ①, ②를 더한 값이야.

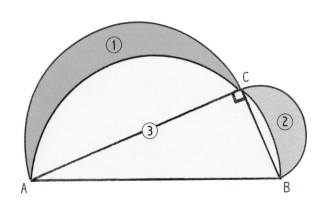

여기까진 이해 완료!

 그런데 알다시피 직각삼각형의 빗변을 지름으로 하는 도형과

다른 두 변을 지름으로 하는 반원의 넓이의 합은 같잖아?

③은 $\overline{AC}$를 지름으로 하는 반원의 넓이에 $\overline{BC}$를 지름으로

하는 반원의 넓이를 더한 값이니까 결국 직각삼각형 ABC의

넓이는 ①+②가 되는 걸 알 수 있어.

 유클리드 넌 정말 최고다! 잠이 확 달아나네.

 고마워. 다 너희 덕분이야. 이번에 알게 된 모든 사실을

체계적으로 정리한 책을 쓰고 있어.

 책이라니? 유클리드, 책도 써?

 피타고라스가 그러는데 유클리드가 왕을 가르치는

선생님이래. 그런데 왕을 가르칠 때 쓸 만한 책이 없다고

하더라.

 내 친구가 왕의 선생님이라니…! 책을 쓰는 작가라니…!

유클리드는 별것 아니라는 얼굴로 안경을 들어 올렸다. 사실은 조금

부끄러운 모양인지 귀가 빨개져 있었다. 보다 못한 피타고라스가 간지러운

분위기를 깨기 위해 한마디 던졌다.

유클리드, 거기에 내 이름도 나오는 거지?

당연하지. 직각삼각형 세 변의 길이의 관계를 찾아낸

건 피타고라스였으니까. 그 부분은 너의 이름을 넣어서

'피타고라스의 정리'라고 할게.

아싸!

내 이름도 넣어 주는 것 잊지 마.

그래그래.

그나저나 탈레스는 언제 온대?

오기만 해봐라.

직쌤, 작직쌤, 유클리드, 피타고라스가 다 같이 웃는다.

6

여행의 끝,
오, 나의 집

돌아왔군!
내 안의 진짜 모습을
보여 줄 때가 되었군

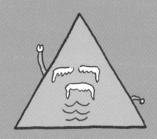

합동계와 닮음계에서 만난 친구들과 함께 여행을 마친 직쌈은
또 한번 바람을 타고 집으로 돌아왔다. 주변의 모든 것이 그대로였다.
어디를 봐도 직각을 가진 친구는 없고 정삼각형뿐이었지만,
자신과 다르다고만 생각했던 정삼각형에서 이제 자신과 닮은 모습을
찾을 수 있었다. 보이지 않는 것을 볼 수 있는 눈을 갖게 된 직쌈은
자신의 생김새 때문에 더 이상 움츠러들지 않았다.
다르기에 더 의미 있고 자신만이 할 수 있는 일을 찾기 시작했다.

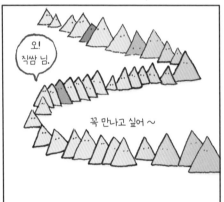

제가 누구이고 어떤 가치를 지녔는지 깨닫고 자신감을 갖게 된 게 가장 큰 수확이에요.

이제 남의 시선은 신경 쓰지 않아요.

여행에서 많은 것을 얻었나 보군.

이젠 이해해요.

모든 정삼각형은 자네와 같은 직각삼각형을 품고 있으면서도 말하지 않았지.

남의 눈치를 보는 건 모두 마찬가지였어. 나도 용기 있게 말하지 못했지. 그저 에둘러서 말했을 뿐.

별말씀을요.

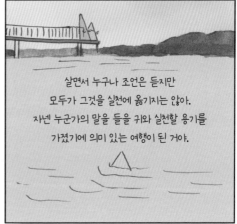

살면서 누구나 조언은 듣지만 모두가 그것을 실천에 옮기지는 않아. 자넨 누군가의 말을 들을 귀와 실천할 용기를 가졌기에 의미 있는 여행이 된 거야.

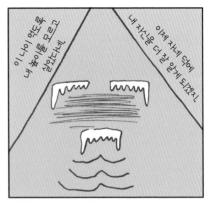

그럼요! 작직쌤, 유클리드, 피타고라스, 탈레스라는 친구들을 만났는데 유클리드는 지금까지 해왔던 연구를 몽땅 정리해서 《원론》이라는 책을 쓰고 베스트셀러 작가가 됐어요. 피타고라스라는 친구는 직각삼각형의 세 변의 길이의 관계를 알아낸 통찰력을 인정받아 더 유명해졌죠. 탈레스는 합동계와 닮음계를 돌아다니며 어떤 문제든 풀어내는 해결사로 이름을 날리고 있고요.

올해의 작가

또 다른 뒷이야기

히파수스

피타고라스와 그의 제자들은 수가 우주를 이루는 근본이라고 생각했습니다.
분수로 나타낼 수 있는 유리수가 수의 전부라고 믿었죠. 그런데 한 변의
길이가 1cm인 정사각형에서 대각선의 길이는 $\sqrt{2}$입니다. 분수로 나타낼 수
없는 '무리수'의 발견이었죠. 충격을 받은 피타고라스학파에서는 이 사실을
숨기려고 했습니다. 하지만 피타고라스의 제자 중 1명이었던 히파수스의
생각은 달랐습니다. 무리수의 발견을 세상에 알린 것이죠. 전해지는 이야기에
따르면 히파수스는 피타고라스학파에서 결국 추방됐다고 합니다.

에우팔리노스 터널

고대 그리스의 기술자 에우팔리노스가 사모스섬에 만든 터널입니다.
석회암으로 된 암펠로스산을 15년 동안 뚫어서 만들었죠. 이 터널로 사모스섬
북쪽에 있는 샘의 물을 남쪽 항구도시로 끌어올 수 있었다고 합니다.
오랫동안 물 부족 문제에 시달리던 도시는 덕분에 문화의 꽃을 피울 수 있었죠.
사모스섬은 피타고라스가 태어난 곳이기도 합니다.

프톨레마이오스

히파르코스의 학설을 이어받아 천체를 연구한 고대 그리스의 천문학자입니다.

프톨레마이오스는 천체가 기하학적 모델에 따라 움직인다고 생각했습니다.

그래서 히파르코스의 관측 자료에 자신만의 방법을 더해 태양과 달, 행성의

위치를 계산했죠. 그가 쓴 《알마게스트》라는 책에는 히파르코스와

그가 알아낸 삼각비 도표가 정리되어 있습니다.

참고 자료

도서

김용운·김용국, 《재미있는 수학여행 3》, 김영사, 2007

모리스 클라인, 노태복 옮김, 《수학자가 아닌 사람들을 위한 수학》, 승산, 2016

알렉시 클로드 클레로, 장혜원 옮김, 《클레로 기하학원론 - 상, 하》, 지오아카데미, 2018

줄리아 E. 디긴스, 김율희 옮김, 《끈, 자, 그림자로 만나는 기하학 세상》, 다른, 2013

헤로도토스, 천병희 옮김, 《역사》, 숲, 2009

웹사이트

피타고라스의 정리 www.cut-the-knot.org/pythagoras

다른 포스트

뉴스레터 구독

직각삼각형의 비밀
재밌는 이야기로 꽉 잡는 도형의 원리

초판 1쇄 2023년 8월 21일
초판 2쇄 2024년 5월 31일

글   김상미
그림   김진화

펴낸이   김한청
기획편집 원경은 양선화 양희우 유자영
마케팅   정원식 이진범
디자인   이성아
운영   설채린

펴낸곳 도서출판 다른
출판등록 2004년 9월 2일 제2013-000194호
주소 서울시 마포구 동교로27길 3-10 희경빌딩 4층
전화 02-3143-6478 **팩스** 02-3143-6479 **이메일** khc15968@hanmail.net
블로그 blog.naver.com/darun_pub **인스타그램** @darunpublishers

ISBN 979-11-5633-577-1 43410

다른 생각이
다른 세상을 만듭니다